排污许可制度在农药行业环境管理中的应用

王　娜　郭欣妍　等/编著

中国环境出版集团·北京

图书在版编目（CIP）数据

排污许可制度在农药行业环境管理中的应用/王娜等
编著. —北京：中国环境出版集团，2021.6
ISBN 978-7-5111-4608-3

Ⅰ．①排… Ⅱ．①王… Ⅲ．①农药工业—排污
许可证—许可证制度—研究—中国 Ⅳ．①X786

中国版本图书馆 CIP 数据核字（2020）第 270174 号

出 版 人 武德凯
责任编辑 丁莞歆
责任校对 任 丽
封面设计 宋 瑞

出版发行 中国环境出版集团
（100062 北京市东城区广渠门内大街 16 号）
网 址：http://www.cesp.com.cn
电子邮箱：bjgl@cesp.com.cn
联系电话：010-67112765（编辑管理部）
010-67147349（第四分社）
发行热线：010-67125803，010-67113405（传真）
印 刷 北京建宏印刷有限公司
经 销 各地新华书店
版 次 2021 年 6 月第 1 版
印 次 2021 年 6 月第 1 次印刷
开 本 787×960 1/16
印 张 13
字 数 200 千字
定 价 59.00 元

《排污许可制度在农药行业环境管理中的应用》

贡献作者

王　娜　郭欣妍　倪　妮　马文静

施玛丽　张晓辉　苑文凯

前　言

随着我国经济建设的不断深入，社会发展需求与资源环境约束的矛盾日益突出，环境承载能力急剧缩减，环境质量状况整体堪忧。排污许可制度作为管控排污单位排污行为的环境管理制度，是最为直接的保障环境质量的手段。我国的排污许可制度自20世纪80年代后期实施以来，共发放24万余张排污许可证，但是因其法律地位低、定位不明确等问题而收效甚微。2013年，党的十八届三中全会拉开了固定污染源环境管理制度改革的序幕，将排污许可制度改革确立为我国固定污染源环境管理的核心制度。

目前，覆盖所有固定污染源的排污许可证核发和排污登记工作正在我国有序推进，力争要将排污许可证发放到每个应该领证的排污单位。其他那些污染物产生量、排放量很小，对环境的影响程度不高，依法不需要申请取得排污许可证的排污单位应填报排污登记表。利用排污许可证和排污登记表可以将所有固定污染源纳入监管，使其成为监管的底数。为探索2020年排污许可全覆盖路径，推动"核发一个行业、清理一个行业、规范一个行业、达标一个行业"目标的实现，生态环境部组织开展了固定污染源清理整顿试点工作。北京、天津、河北等8个省（直辖市）先行先试，按计划完成了清理整顿试点工作，通过核发排污许可证和填报排污登记表，基本完成了将24个重点行业企业纳入排污许可管理的工作任务。截至2020年1月底，全国共计核发火电、造纸、农药等59个重点行业的排污许可证16.1万余张，登记排污信息的企业6.6万余家，管控大气污染物排放口 30.67 万个、水污染物排放口 7.48 万个。

农药行业作为首批纳入排污许可管理的重点行业之一，整个行业的环境管理水平与发展受到生态环境部的极大关注。究其原因，一方面，我国是农药生产大国。2016 年，全国进行农药登记的境内企业有 2 107 家，企业数量排名前三的省份分别是山东省（307 家）、江苏省（263 家）和河北省（183 家）。另一方面，农药行业产排污具有特殊性。我国农药工业每年产生的废水量约为 1 亿 m³，不到全国工业废水排放量的 0.5%，占化学工业废水总排放量的 3%，但农药废水的污染物浓度高、毒性大，含有许多不可生物降解的物质或生物抑制剂，治理难度较大。对于有些特征因子，如酚类、氰根、苯胺、杂环，目前还缺乏效果优良的处理设施。有的农药废水含盐量高于 10%，无法生物降解。由于农药品种繁多、使用的原料复杂，生产中排放的气体通常含有易燃、易爆、有毒、刺激性、腐蚀性、恶臭等物质，这些物质如果不能有效回收，很容易在大气中扩散并产生污染。

由生态环境部南京环境科学研究所等承担编制的《排污许可证申请与核发技术规范 农药制造工业》（HJ 862—2017）于 2017 年 9 月 29 日正式发布。该技术规范为指导农药生产企业申领排污许可证和生态环境部门核发排污许可证提供了重要的技术支撑。随着排污许可制度改革工作的有序推进，相关法律、标准等也得到了进一步的完善：《排污单位自行监测技术指南 农药制造工业》（HJ 987—2018）于 2018 年 12 月 4 日发布，自 2019 年 3 月 1 日起施行；《农药制造工业大气污染物排放标准》（GB 39727—2020）于 2020 年 12 月 8 日正式发布，自 2021 年 1 月 1 日起施行；《排污许可管理条例》于 2021 年 1 月 24 日正式发布，自 2021 年 3 月 1 日起施行。总体来看，排污许可制度的实施对于规范农药行业的环境管理起到了非常重要的作用，农药生产企业通过申领排污许可证可以系统梳理其产排污环节和污染物种类，更加明确需要管控的固定污染源排放要求，进一步理解与排污许可证监管配套的环境管理要求。

　　本书共有5章：第1章回溯了国内外排污许可制度的发展历程；第2章就农药行业发展概况与排污管理现状进行了分析和评述；第3章对农药行业排污许可技术规范的要点进行了解析；第4章针对农药行业排污许可技术的后续研究与应用提出了建议；第5章展望了我国排污许可制度在改善环境质量方面将发挥的作用。本书是在"重点行业水污染物排放限值集成研究"（课题编号：2017ZX07301003-03）和"江苏省排污许可证监管制度及技术研究"（课题编号：JSZC-G2019-248）项目的支持下，基于作者近几年的工作积累和思考，在由王娜主笔的研究报告基础上修改完成的，虽属集体成果，但文责自负。受限于个人学识和能力水平，如有疏漏和错误，敬请批评指正。

王　娜

2020 年 11 月 27 日

于南京市蒋王庙街

目　录

1 国内外排污许可制度概述

1.1 国外排污许可制度现状

1.1.1 美国排污许可制度

美国的排污许可法律体系由联邦层面的法律法规和各州层面的实施计划共同构成。联邦层面起首要作用的法律是《清洁空气法》（CAA）和《清洁水法》（CWA），其次是《联邦法规》（CFR）和其他法规中的相关规定，各州在联邦层面的法律法规框架体系下制订相应的排污许可实施计划。联邦层面的法律法规框架对排污许可管理做出了详细规定，涵盖了排污许可制度实施过程中的主要内容。

在排污许可制度实施的过程中，美国国家环保局（EPA）发挥着主导作用。有能力核发排污许可证的州可以向 EPA 申请授权，在各自的辖区内核发排污许可证并对其进行管理，这也是各州增加收入的一种途径。各州层面的实施计划（SIP）是各州按照联邦政府的要求向其提交的实施环境管理的依据，是得到授权的重要前提。EPA 会定期对 SIP 执行情况和效果进行审核；若 SIP 有问题，EPA 将提出持续改进要求；若该要求无法达成，EPA 将收回该州排污许可证发放权限。尚未达到要求的州则直接由 EPA 对其排污许可证的颁发与执法进行管理。

由于历史原因，美国采取的是单项许可证形式。美国的排污许可证最先被引入废水污染物削减制度中，一直到 1990 年《清洁空气法》修订后才用于对废气污染源的管理。

美国水污染物排放许可的类型根据污染源相似程度分为个体许可证和一般许可证。个体许可证是专门用于单个设施的许可证，其条款对于持证人而言是特定的。相对于个体许可证，一般许可证能更有效地分配资源，因为其许可对象是某一特定类别中的多个设施。

美国大气污染物排放许可的类型根据新老污染源可分为建设许可证和运行许可证。建设许可证是基于达标区环境质量的维持与未达标区环境质量的改善可能受到的影响，要求常规大气污染物的潜在排放量超过一定值的新建或改建固定污染源在建设前须申请获得的许可证。运行许可证是在企业运营后由许可当局对污染源发放的许可证，它集成了所有的大气污染控制要求。此外，美国为促进"酸雨计划"的实施还设有酸雨许可证，其主要目的是促进电力行业二氧化硫（SO_2）与氮氧化物（NO_x）排放量的削减。

1.1.2　德国排污许可制度

德国的排污许可制度实行联邦、州、地方三级管理。其中，联邦环境部门主要负责环境政策和法规框架的制定，并对排污许可制度的程序、内容等进行详细规定；州政府环境部门主要负责辖区内的环境执法，可以在某些联邦立法框架的基础上对其进行细化和完善；地方行政部门具有排污许可管理的基本职能，主要包括核发和监督管理工作。

依照德国《联邦排放控制法》（FICA）的规定，环境管理部门执行对设施建设和运营的综合许可。该综合许可不仅涵盖了废气、噪声、固体废物等各要素的许可要求，还整合了建设、自然保护、消防、安全、职业健康等众多非环境部门的许可要求。德国对排污许可证实行差异化管理，不同许可类别对应的流程不同。其中，对于潜在环境影响小的项目，只需按照普通许可流程进行管理；对于潜在环境影响较大的项目，需增加公众参与的环节；对于潜在环境影响显著或法律法规要求进行环境影响评价的项目，需增加环境影响评价环节。

德国排污许可证的核发部门按行业进行分组，为数不多的管理人员主要负责相关行业排污许可证的申请、核发和监督管理，但要求管理人员足够精通所管理的行业，是行业技术专家，可自行处理主要技术问题；如果遇到较高深的技术问题，则可以向国家或地方政府技术部门求助。

1.1.3 澳大利亚排污许可制度

澳大利亚在 20 世纪 90 年代末开始实施排污许可制度。与美国不同，澳大利亚的排污许可证管理采用各州"分而治之"的方式。以最具代表性的新南威尔士州为例，其排污许可制度较为完善，也取得了良好的效果。新南威尔士州是依照《环境保护操作法案》（POEO Act）来建立排污许可制度的。该法案整合了受单项法案约束的排污行为，基本集成了各要素法规的要求，即对空气、水、噪声、固体废物的污染控制等均有相应的规定和要求。该法案不仅奠定了综合排污许可制度的法律基础，而且对排污许可证的具体核发对象、程序、权限和收费标准等要求做出了详细规定。

新南威尔士州的排污许可制度，一方面与《环境保护操作法案》的要求和规定范围保持了一致，另一方面也便于对企业内部进行环境管理，提高了政府和环保部门的管理效率，其内容涵盖大气、水、废物和噪声控制，是典型的综合许可证。该排污许可证的核发对象包括农业、冶金、水泥、化工、电力、矿山、污染土壤治理等固定污染源建设项目，以及固体废物运输等移动污染源项目，并对不同项目规定了规模限制及豁免特例。

根据澳大利亚 1986 年出台的《环境保护法案》的要求，澳大利亚环境部对部分开发建议和法定规划方案开展环境影响评价。在程序上，环境影响评价是新南威尔士州排污许可证申领的前置条件。排污许可证的申请者应提供翔实的申请材料，包括保护目标（质量功能控制目标）、对环境的主要影响、污染控制措施、环境质量本底等资料，以用作核发排污许可证的重要依据。

1.2 国内排污许可制度现状及研究进展

1.2.1 我国排污许可制度的发展与现状

20 世纪 80 年代，上海市环保局率先在黄浦江上游水源保护区实施排污许可制度。之后，江苏省常州市、徐州市相继将排污许可制度纳入环境管理实施体系。1988 年 3 月，国家环保局发布《水污染物排放许可证管理暂行办法》，首次对排污许可证的管理进行了规定。该办法在第三章中对排污许可证的申领单位、形式以及总量控制指标等做了要求。1989 年，全国第三次环境保护大会将排污许可制度列为新的五项管理制度之一。以此为开端，我国陆续发布了相关文件以推动排污许可制度在全国实施。但是由于核心地位低、发证范围和种类不全、重证轻管、制度设计欠缺的问题，排污许可制度一直没有发挥良好的作用。

2013 年，我国进入固定污染源环境管理制度改革时期。改革的重点内容就是完善排污许可制度，并将其作为我国固定污染源环境管理的核心制度，从而使排污许可制度能够发挥改善环境质量、衔接整合其他制度的积极作用，成为集法律法规要求、环保方针政策、标准体系要求为一体的适应各地区环境保护工作的综合制度。2015 年 1 月 1 日起施行的新修订的《中华人民共和国环境保护法》（以下简称《环境保护法》）明确规定："国家依照法律规定实行排污许可管理制度；实行排污许可管理的企业事业单位和其他生产经营者应当按照排污许可证的要求排放污染物；未取得排污许可证的，不得排放污染物。"此外，《中华人民共和国水污染防治法》（以下简称《水污染防治法》）、《中华人民共和国大气污染防治法》（以下简称《大气污染防治法》）、《大气污染防治行动计划》（国发〔2013〕37 号）和《水污染防治行动计划》（国发〔2015〕17 号）也都对排污许可制度作出了规定。2017 年年底，我国相继出台了 15 个行业的排污许可申请与核发技术规范，围绕这 15 个行业的排污许可证相关工作也在全国范围内展开。综合排污许可证不再是"一张纸"，而是促进企业全过程、精细化管理的"一本书"。

1.2.2 我国排污许可制度的研究进展

我国实行排污许可制度已有 30 多年的历史，对排污许可制度的研究正随着环境污染形势的发展与环境保护制度的改革而不断推进。2000 年以前，我国排污许可制度研究的焦点是制度本身的优越性；2000 年以后，主要以问题为导向提出加强排污许可制度建设的方法及建议。

1994 年，潘家华提出排污许可制度的贸易机制可以促进环境污染行为的内在化，在环境质量改善上具有排污税与行政管制不可比拟的优势，同时能够提高成本效率[1]。

1997 年，周荣等明确了排污许可制度的内涵及意义，总结了各国排污许可实践的特点，提出了我国排污许可存在法律依据不足、总量控制与浓度控制以及排污收费制度不协调、与地方法规和国家法律不协调等问题，并针对这些问题提出了建议[2]。

2005 年，管瑜珍通过阐述美国可交易的排污许可制度的主要内容，分析了该制度在防止污染行为"外部化"、克服"命令-控制"型制度不足方面的内在逻辑，指出可交易的排污许可制度可以在显著降低成本的同时减少污染物排放，并且能更灵活地对环境进行监管，还提出我国在建立可交易的排污许可制度方面将面临与市场结合、初始权分配等问题，建议通过理论研究与实践经验总结的方式来解决这些问题[3]。

2006 年，李启家等论述了我国排污许可制度的现状与缺陷，针对排污许可制度的基本要素、总量控制与排污许可的关系、排污许可制度实施机制、监督检查和法律责任等重点问题进行了探讨，为我国排污许可制度的规范化提出构想[4]。武汉大学罗吉等指出，我国排污许可制度尚未规范化、具体化、系统化，存在自身制度供给不足、制度定位太低、配套制度供给不足等问题，建议完善排污许可制度，为实现全面达标排放和协调我国污染物排放控制制度打下坚实基础[5]。

2007 年，中山大学李挚萍指出，影响排污许可制度实施的制约因素包括法律支撑不足、认识和定位不准、经济技术上存在障碍等，并从制度设计到实施机制等方面对排污许可制度的完善提出思路[6]。

2014 年，于庆江等指出现行排污许可制度的实质是末端治理的环境管理手段，难以满足环境管理的需要，论述了排污许可制度建立的法理基础与法律基础，并结合先进的环保理念及清洁生产提出了我国现行排污许可制度在实施过程中存在认识不足，管理体制落后，缺乏长效的监测、核查和处罚机制，与现行法律法规衔接不够的问题，提出了完善排污许可制度设计、修改相关条文等一些具体措施[7]。孙佑海结合新修订的《环境保护法》

对排污许可制度的影响，提出进一步修订《大气污染防治法》使其与《水污染防治法》的相关规定衔接一致，并加快制定排污许可条例及相关管理办法[8]。

2015 年，李艳萍等分析了我国排污许可制度的现状及问题，在分析美国排污许可体系以及《中华人民共和国清洁生产法》的基础上，建议我国的排污许可证应以技术标准的方式开展"分类、分级、分期"管理，以体现污染全过程控制理念[9]。薛鹏丽等借鉴瑞典排污许可制度的经验，从利益相关者角度提出加强我国排污许可制度改革和完善的建议[10]。

2016 年，中国人民大学宋国君等从制度框架入手，从排放标准、守法监测方案、固定污染源管理 3 个方面对我国现阶段排污许可制度的可行性进行了分析，并提出建议[11]。王金南等在总结国内外排污许可制度实践经验的基础上，从具体思路、基本原则、总体目标和主要任务方面入手，具体论述了排污许可制度框架的设计思路，建议排污许可制度改革应当坚持以环境质量为约束，加强制度融合，削减污染物排放[12]。吴卫星从国家与地方立法的角度分析认为，"核心制度"的改革仍迫切需要国家层面在立法上进行推动[13]。南开大学张世超指出，"一证式"排污许可制度的构建是协调整合"零散"制度的过程，同时也要注意在这个过程中采用分类、分级的方式[14]。

2017 年以来，单个行业的排污许可技术规范陆续落地，对于具体行业排污许可管理的探讨也相继出现。冉丽君、赵春丽、王娜等分别对石化行业、造纸行业、钢铁行业、农药制造工业的排污许可管理以及技术要点进行了深入解析[15-19]。吕晓军等探讨了电镀行业在新排污许可制度下的机遇与挑战，并提出了有利于电镀行业可持续发展的对策建议[20]。另外，对于有毒有害化学物质、海上排污许可管理，有些学者也提出了建议[21,22]。

环境影响评价制度与排污许可制度的有效衔接是近年来研究的热点[23-34]。环境影响评价作为我国八项环境管理制度之一，有着预测并减轻企业排污对环境造成的影响的重要作用，同时也是与排污许可制度共同实现排污单位全生命周期监管的重要抓手。对地方排污许可实施情况的梳理是近年来排污许可制度研究的重点[35,36]，为我国排污许可制度改革积累了丰富的地方实践经验。

1.3　国内外排污许可制度对比分析

1.3.1　法律支撑

　　一方面，排污许可制度在国外具有较高的法律地位，而我国由于立法程序谨慎，长时间处于排污许可没有专门的单行法律的处境，从而导致排污许可制度的法律地位低下，对其核心地位的实现和与环境影响评价制度的衔接等造成了阻碍。另一方面，国外的法律法规中有明确的排污许可相关规定，如美国的《清洁水法》《清洁空气法》对排污许可证的实施范围、工作程序、内容、标准限值等做出了极其详细的规定。目前，我国涉及排污许可的《环境保护法》《大气污染防治法》《水污染防治法》《固体废物污染环境防治法》等都是原则性要求的授权性立法，可操作性低，而规定较为详细的行政法规因门槛过高或执法不力而效果不佳。

1.3.2　管理时期

　　国外的排污许可制度在管理时段上将企业从建设之初到最终结束后的场地恢复的整个生命周期都纳入其中。目前，我国的排污许可制度还未发挥核心作用，与其他环境管理制度的衔接工作仍处于试点阶段。我国通过5项环境管理制度的相互衔接来实现对固定污染源的全生命周期管理，如图1-1所示。这5项制度的监管涵盖排污单位建设期（选址、生产工艺确定等）、运营期（实际产排污）和服务期满（可能对建设场地造成污染）3个阶段，在不同阶段受到不同环境管理制度的管理。

1.3.3　覆盖的环境要素

　　国外的排污许可制度对废气、废水、固体废物、土壤等多种污染要素进行管控，我国排污许可制度的改革目标也是成为涵盖全环境要素的"一证式"综合许可。但现阶段，在我国的相关法律中，仅在《大气污染防治法》《水污染防治法》中要求对排污单位实施排污许可制度，因此我国的排污许

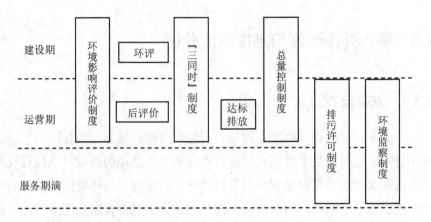

图 1-1   我国固定污染源全生命周期管理模式

可制度仅在废气、废水两个环境要素上进行协同控制。海南省目前对固体废物以及噪声两个要素也做出了排污许可要求，其余省份可以根据自身情况对其他环境要素单独提出管控要求。

1.3.4   环境执法

环境执法是指对于违反环境法律、法规行为的责任追究，是环境相关法律实施的强力后盾。必要的惩罚措施可以对排污单位施加压力，使其连续达标排放。

发达国家对于排污许可制度有严格的处罚机制。以美国为例，通过行政、司法两种手段保障了排污许可制度的强制执行力。环境主管部门若发现企业有违反排污许可证规定的情况，按情节严重及先后次序可采取行政命令、民事处罚、刑事处罚 3 种方式进行惩罚。3 种惩罚方式若需要罚款，均可采取按日计罚方式，从确认违法行为之日起按日叠加罚款金额，若无法确定则从建成之日开始计算。有效的罚款方式可以确保企业受到公平的对待，使违法者在竞争上不会获得优势。美国强调企业主动报告，对于如实报告违法行为的可减轻惩罚力度，如果有虚假报告的行为发生，处罚将会十分严厉。另外，美国还采取守法援助与行政奖励的"柔性"手段来促进企业守法，以弥补强制执法"刚性"的不足。

我国的排污许可制度对企业的处罚措施较为单一，以行政处罚为主，操作性不强。《排污许可证管理暂行规定》（环水体〔2016〕186 号）规定的处罚依据有 3 类，分别是公众投诉举报、生态环境主管部门抽查以及委托第三方的审核结果，还规定了违反排污许可证的企业将计入企业信用信息公示系统，并提高抽查频率；同时，该暂行规定也对生态环境主管部门违规发放排污许可证规定了处罚内容。以河北省 2018 年 3 月证后监督检查为例，对于违规运营、污染治理设施不到位、排污口设置不规范等问题，可依据国家法律法规、部门规章、地方条例等对企业处以撤销排污许可证、限产、停产、整改和罚款等措施。我国环境管理的执法依据见表 1-1。

表 1-1　我国环境管理执法依据

处罚类型	依　据
行政处罚	《环境保护主管部门实施按日连续处罚办法》（环境保护部令　第 28 号）
	《环境保护主管部门实施查封、扣押办法》（环境保护部令　第 29 号）
	《环境保护主管部门实施限制生产、停产整治办法》（环境保护部令　第 30 号）
刑事处罚	《最高人民法院、最高人民检察院关于办理环境污染刑事案件适用法律若干问题的解释》

1.3.5　可行技术

美国或欧盟都以最佳可行技术（BAT）作为综合许可制度的构建基础，并将其作为制定许可条件的依据。排污许可制度以实现企业连续达标排放为直接目的，而连续达标排放依赖于企业使用环境、技术、经济等多种因素下的可行技术，从而助推环境质量的改善。

欧盟的 BAT 体系是由 BAT 参考文件（BREFs）自行构建的，属于鼓励采用的非强制性文件。但是，欧盟现行工业排放指令（IED）规定，只有使用 BAT 达到高水平的企业才可以生存，这就促使 BAT 成为企业发展的必要条件。

美国排污许可制度以技术为基础。为保证美国水质标准要求以及反退化目标，EPA 已制定了 50 多个行业的国家排放限值导则（ELG），即可行技术，明确了不同污染源、不同污染物通过不同污染治理技术所能达到的污染物削减程度。对于大气，EPA 针对常规污染物和有毒有害大气污染物（HAPs）、新建点源和现有点源、达标区和未达标区分别制定了不同的可行技术。各州可以在满足 EPA 要求的基础上，建立自己的可行技术体系，并提出更加严格的要求。

我国的环保技术虽经过了 30 多年的发展，但可行技术却长期未受到重视，与固定污染源环境管理主战场脱节。一方面，在目前我国工程治理与技术应用市场混乱的状况下，企业乃至环境管理行政部门对污染治理技术的可靠性并不清楚。企业往往因购置了不满足达标排放要求的环保设施而导致资本浪费和污染治理水平不足。环境管理者制定的环境管理要求缺乏在行业中实现的依据，因而使排放要求在实施中大打折扣。另一方面，可行技术体系往往捆绑环保设施运行管理要求。由于可行技术的缺乏，政府无法建立有效的监管机制，难以保障企业环境治理设施的运行效果。

1.3.6 标准限值

排放标准在固定污染源控制中发挥着重要的作用，发达国家正是通过排污许可制度来保证排污单位达标排放的。美国的排污许可制度规定，排放限值首先是基于污染防治技术确定的，但若环境质量不能达到相应标准的要求，就需要另行计算基于环境质量标准的排放限值。与我国排放标准不同的是，美国的污染物排放削减制度（NPDES）许可证限值是用每月平均日排放限值（AML）、每周平均日排放限值（AWL）及每日最大排放限值（MDL）来表述的。德国在综合许可证中设定的排放限值，一方面必须基于 BAT（包括 BAT 参考文件和 BAT 结论）并依据欧盟《综合污染预防与控制指令》（IPPC）制定，作为适用于全国的最低标准；另一方面还应以环境质量达标为前提，即采用 BAT 后，预测项目不会导致环境质量超标。

我国排污许可证的标准限值主要基于各行业的排放标准，而许可总量主要基于排放标准与企业规模、排放绩效法来确定。我国的现行排放标准是基于污染控制技术的污染源排放最低限值，是依据现有可得的最佳技术确定的，目前还未与环境质量直接挂钩。我国的排放标准分为国家与地方两个层面，是我国严守环境底线的重要依托。国家层面的大气与水污染物排放标准见表 1-2。

表 1-2　国家层面的大气与水污染物排放标准

环境要素	数量	污染物管控
大气	现行的大气污染物排放标准共 73 个，控制项目 120 项	行业型、通用型排放标准和移动源排放标准控制的颗粒物（PM）、SO_2 和 NO_x 排放量均占全国总排放量的 95% 以上
水	现行的水污染物排放标准共 64 个，控制项目 158 项	行业型排放标准控制的化学需氧量（COD）、氨氮排放量占我国工业废水中相应排放量的 80% 以上，汞、镉、铅、砷和六价铬等重金属排放量占相应排放量的 90% 以上

生态环境部发布的地方环境保护标准备案信息显示，截至 2020 年 11 月 30 日，共有 27 个省（自治区、直辖市）的 298 个有效的地方环境保护标准和污染物排放标准信息符合我国备案要求。各地有效环境保护标准数量以及各类地方环境保护标准分布情况如图 1-2、图 1-3 所示。

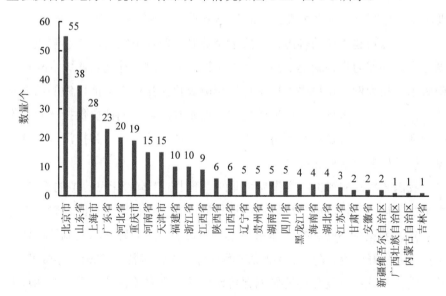

图 1-2　各地有效环境保护标准数量

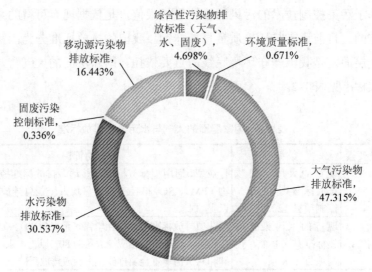

图 1-3　各类地方环境保护标准数量分布

1.3.7　与环境影响评价制度的衔接

环境影响评价制度是许多国家预防和减轻排污单位造成环境影响的重要环境法律制度，是将污染源排放与环境质量挂钩的最直接的管理手段。

美国对新建点源的排污许可要求企业必须对环境空气质量影响进行预测分析，并作为申领新建点源排污许可证的要件进行补充。澳大利亚以新南威尔士州为例，在程序上要求环境影响评价是排污许可证申领的前置条件，在内容上要求排污许可证的内容与要求与环境影响评价保持一致。德国的环境影响评价是排污许可证申领过程中的一项内容，为排污许可证的核发提供科学依据和支持。

我国环境影响评价制度作为企业的"准生证"有着无可比拟的重要性。由于我国排污许可制度与环境影响评价制度存在法律地位不同、管理对象有差异、侧重点不同、技术体系不统一和管理上无明确联动机制等问题而无法做到良好衔接。《固定污染源排污许可分类管理名录（2017 年版）》的发布使排污许可制度与环境影响评价制度的管理对象保持一致，为两项制度的衔接迈出了坚实的一步。

2 农药行业发展概况与排污管理现状

2.1 我国农药行业发展概况

2.1.1 产业结构调整情况

我国农药行业经过多年的持续稳定发展，逐步形成了涵盖科研开发、原药生产、制剂加工、原材料及中间体配套、毒性测定、残留分析、安全评价及推广应用等的较为完整的农药行业体系。我国农药行业的发展大致可分为四个阶段，目前正处于调整发展阶段。

第一阶段：快速发展期（20 世纪 80—90 年代中期）。我国农业发展很快，也带动了农药工业的迅速发展。这一阶段，农药生产企业急剧增加。1978 年以前，我国农药生产企业全部为国有或公有制性质，数量较少，自 80 年代末开始私营企业逐步进入农药生产行业并得到快速发展，跨国公司开始在中国设立办事处并建设农药生产厂。

第二阶段：发展平稳期（20 世纪 90 年代中后期）。此时由于粮食产量已超过国内需求，国家开始致力于农业结构调整。1998 年国务院 39 号文件发布以后，我国的农药市场完全放开。在国家法规政策和市场机制的双重作用下，农药企业兼并重组、股份制改造的步伐提速，行业外的资本进入加快了企业规模壮大的进程，农药企业逐步向集团化、规模化经营转变，产业结构发生了较大变化，产业集中度逐渐提高，涌现出了一批经济实力较强、科工贸结合的大型企业集团。

第三阶段：重新加速期（进入 21 世纪后至 2015 年）。此阶段国家重新重视农业生产，陆续出台了多项农业扶持政策，加之近年来我国的种植结构发生了很大变化，水果、豆类、油菜、观赏植物和青饲料等作物的种植面积与大棚的种植面积不断增加，且达到了一年栽培数次成熟，从而对新型农药的需求有所增加。2014 年，中国化工集团全资子公司中国化工农化总公司收购了以色列马克西姆阿甘公司，使我国农药企业一跃进入世界排名前 10 位的行列。

第四阶段：调整发展期（2016 年以后）。一方面，国家进行产业结构优化，全面实行去产能，清退淘汰农药行业的落后产能；另一方面，受到国家环保政策趋严的影响，整个农药行业进入调整阶段。2017 年 6 月，中国化工集团收购了世界农药界销售额排名第一的先正达公司，产业规模更加扩大。在英国农化资讯商 Agrow 以美元计算销售额的排行榜中，中国元素更加凸显，前 20 名中已有 7 家中国企业。

据农业农村部农药检定所统计，截至 2020 年 12 月 31 日，我国处于有效登记状态的农药有效成分达到 714 种，登记产品有 41 885 种，其中，大田用农药 39 299 种、卫生用农药 2 586 种。2020 年度取得新增农药登记证的数量比 2019 年度（最少）有所增加，共登记了 850 种产品（其中，大田用农药 797 种、卫生用农药 53 种），仅为近几年正式登记数量平均值的 34%。这主要与《农药管理条例》及配套规章实施后提高了登记门槛有关，还可能受到了生态环境、安全生产及农药生产许可证的颁发等政策限制，农药企业纷纷转行、兼并或重组，从而影响了企业产品登记。根据农业农村部第 269 号公告，2020 年批准了 2 种仅限出口的农药登记产品。截至 2020 年 12 月 31 日，我国有农药登记的生产企业共 1 896 家（比 2019 年有所减少），其中境外企业有 126 家。我国农药生产企业主要分布在江苏、山东、河南、河北、浙江，这 5 个省的农药工业产值占全国的 68% 以上。根据 2020 年中国农药销售百强企业榜单（中国农药工业协会发布），农药销售收入超过 10 亿元的农药企业有 59 家，其中 41 家在上述地区，销售收入在 5 亿~10 亿元的农药生产企业也大多集中在这些地区。

从产品结构来看，我国不断推动农药产品结构调整，积极响应全球对于高毒、高风险农药的禁用、限用管理措施，农业农村部等相关主管部门历年来陆续发布了多项关于禁止和限制使用类农药的公告，加快淘汰剧毒、高毒、高残留农药，使高毒、高残留农药产量占比从 70% 下降至 2% 以下。杀虫剂、杀菌剂、除草剂这三大类农药的比例更趋合理，高效、低毒、低残留的新型环保农药成为行业研发的重点和主流趋势，农药剂型正向水基化、无尘化、控制释放等高效、安全的方向发展，水分散粒剂、悬浮剂、水乳剂、缓控释剂等新剂型也在加快研发和推广。对高效、安全、经济、环境友好的农药新产品的推广将有效促进我国农药产品结构的优化调整，在满足农业生产需求的同时可以减轻对于环境的影响。此外，生物农药、植物生长调节剂、水果保鲜剂和用于非农业领域的农药新产品、新制剂也发展迅速。

2.1.2 工业规模与效益情况

改革开放初期，我国农药工业的基础非常薄弱，仅有一些国营化工厂在生产农药产品，品种较少且以高毒农药为主，不能满足农业生产需求，很多农药品种需要依赖进口。改革开放 40 多年来，我国农药工业奋发图强、开拓进取，实现了跨越式发展，取得了举世瞩目的成绩，行业总体水平大幅提升。

2014—2019 年，受到宏观经济、政策法规以及行业周期波动的影响，我国化学农药原药（折有效成分 100%）产量出现下滑（图 2-1）。近几年我国农药产量出现大幅下降，既是我国农药行业追求高质量发展的结果，也是全球农药需求下降自然调节的需要。国家统计局数据显示，2019 年，全国农药工业规模以上企业的化学农药原药（折有效成分 100%）产量为 225.4 万 t，恢复性上涨 8.22%；2020 年，化学农药原药（折有效成分 100%）产量为 214.8 万 t，同比降低 4.7%。

由于我国持续实施的去农药产能措施以及环保压力的加大，2016—2018 年，我国农药原药销量逐年下降（图 2-2）。2019 年，我国农药原药销量为 204.04 万 t，同比增长 7.82%，但仍处于较低水平。

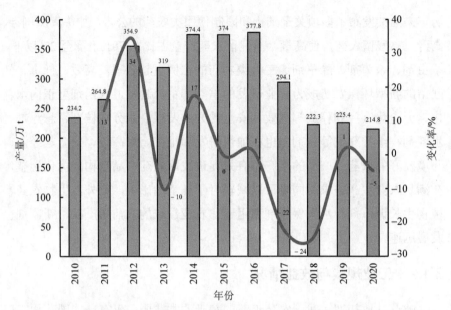

图 2-1　2010—2020 年我国农药工业规模以上企业化学农药原药（折有效成分 100%）
产量变化

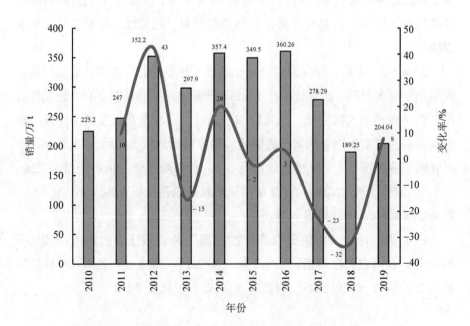

图 2-2　2010—2019 年我国农药原药销量变动趋势

2019 年，由于中外贸易战持续扩大、全球经济不振、外部环境恶化，我国农药进出口贸易顺差出现下降。国家统计局数据显示，2019 年，我国农药进出口贸易总额为 56.22 亿美元，同比下降 5.0%，贸易顺差值为 40.98 亿美元，同比下降 9.8%（图 2-3）。各类别农药进出口贸易总额和贸易顺差值均出现不同程度的下降。

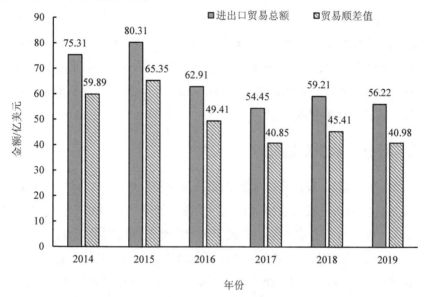

图 2-3　2014—2019 年我国农药行业进出口贸易总额与贸易顺差值变化

自 2017 年的环保整顿和农药新规出台后，我国农药行业经历了深入的整合。除了企业自身实力的提高，国家近期出台的退税和专供出口新政也成为出口增长的重要助力。从出口数量和出口金额来看，近年来我国农药行业出口有明显的进步与发展。

2019 年全球极端天气频现，如美国农产品主要种植地区于年初遭遇严寒、年中遭遇强降雨等，影响了当地大豆等作物的种植进度和面积，进而影响了我国农药原药的短期出口。2019 年，国内农药出口量、出口额均同比出现下滑。2020 年，面对突如其来的新冠肺炎疫情，国家制定了一系列纾困惠企政策：2 月，农业农村部农药管理司及时恢复仅境外使用农药的出口管理措施；3 月，《关于提高部分产品出口退税率的公告》发布，促进了农药出口贸易；6月，出台农药仅限出口登记政策，有效促进了农药出口贸易增长。在以上纾困惠企政策和措施的保障及促进下，2019年我国农药出口实现了两位数的大幅增长，成为近10年来农药出口最好的年份。2020年，农药出口数量（货物量）为239.5万t，同比增长29.3%；出口金额为116.8亿美元，同比增长14.6%，比出口首次突破100亿美元大关的2019年多14.6亿美元，我国农药在国际市场所占份额进一步提升。如今，我国已成为世界农药的主要出口国，全球市场有近70%的农药原药在我国生产，国际商贸话语权不断增强，农药出口基本覆盖全球农药市场，出口总量占我国农药总产量的50%左右。近年来，我国农药原药出口占比递减，而制剂出口比重不断攀升，结构不断优化升级。

2.1.3　行业技术创新情况

改革开放初期，我国还未实行知识产权保护制度，国内常用的农药品种中具有自主知识产权的创制品种几乎为零，高毒、高残留农药的比例在70%左右，农药行业面临着知识产权保护和环境保护的双重压力。

1993年，修订的《中华人民共和国专利法》和《农业化学物质产品行政保护条例》的施行，在法律法规上结束了我国农药仿制的历史。同时，国家将新农药创制列为科技攻关计划重大项目，连续多年予以支持。杀菌剂氟吗啉就是该计划的结晶，也成为我国第一个具有自主知识产权的农药新品种，实现了我国农药创制"零"的突破。

"九五"期间，在国家的重点支持下，农药国家工程研究中心（重点依托沈阳化工研究院及南开大学）和国家南方农药创制中心（重点依托上海农药研究所、江苏农药研究所等）成立，开展了新农药的开发和工程化研究工作，使我国农药创制步入正轨。目前，许多高校，包括中国农业大学、南开大学、贵州大学、华东理工大学等都建立了农药学学科，为农药行业培养了一大批专门人才。江苏扬农股份公司、浙江新农化工股份有限公司、山东中农联合生物科技股份有限公司等企业也积极投身农药创制行列。我国农药科研逐渐形成了包括化合物设计、先导发现、化合物合成、生物活性测定、卫生毒理学和环境毒理学评价、产品化学成分检测、残留分析等在内的完整的创制体系。

几十年来，我国农药行业创制了氟吗啉、毒氟磷、环氧虫啶、氯氟醚菊酯、氰烯菌酯、噻唑锌等 50 多个具有独立知识产权的高效新品种，部分品种已走向海外市场，并申请了国际标准认证；研发推广了吡啶、氯代三氟甲基吡啶、乙基氯化物等关键中间体及不对称手性合成、催化加氢、定向硝化氯化、生物拆分等绿色新工艺，为农药工业的快速发展提供了技术支持；农药安全性评价 GLP 体系建设已与国际接轨。

目前，我国新农药创制体系不断完善，创新能力和竞争力不断提高，成为世界上少数具有新农药创制能力的国家之一。我国农药工业已形成了包括原药生产、制剂加工、科研开发和原料中间体配套在内的完整体系，成为我国化学工业的重要组成部分和发展重点。

2.2 我国农药行业相关环境管理要求

2.2.1 《农药管理条例》

最早专门针对农药管理的法规是国务院于 1997 年 5 月 8 日颁布的《农药管理条例》（2001 年 11 月修订）。2017 年 2 月 8 日，国务院第 164 次常务会议修订通过《农药管理条例》，自 2017 年 6 月 1 日起施行。《农药管理条例》对农药登记、生产、经营和使用等相关制度进行了规定，并明确指出农药生产企业应当遵守安全生产、环境保护等法律和行政法规。

2.2.2 《环境保护法》

第十二届全国人民代表大会常务委员会第八次会议于 2014 年 4 月 24 日通过了修订后的《环境保护法》，于 2015 年 1 月 1 日起施行。新修订的《环境保护法》在明确政府责任、加大对违法排污的惩罚力度和加大信息公开等方面有重要突破，被视为我国向污染开战的力举。

2.2.3 《中华人民共和国环境保护税法》

2016 年 12 月 25 日,《中华人民共和国环境保护税法》(以下简称《环境保护税法》)由第十二届全国人民代表大会常务委员会第二十五次会议通过,自 2018 年 1 月 1 日起施行,2018 年 10 月 26 日第十三届全国人民代表大会常务委员会第六次会议通过了最新修订版。《环境保护税法》共五章二十八条,以现行排污收费制度为基础进行制度设计,对计税依据和应纳税额、税收减免、征收管理等作出了具体规定,确定了环境保护税的纳税人、课税对象、计税依据、税目税额和征收管理等各项制度规定;从税收杠杆入手,令企业多排污就多交税,少排污则能享受税收减免,通过构建促进经济结构调整、发展方式转变的绿色税制体系,形成有效的约束激励机制,倒逼企业减排。

2.2.4 《中华人民共和国土壤污染防治法》

2018 年 8 月 31 日,《中华人民共和国土壤污染防治法》(以下简称《土壤污染防治法》)由第十三届全国人民代表大会常务委员会第五次会议通过,自 2019 年 1 月 1 日起正式施行。《土壤污染防治法》建立了土壤污染责任人制度,规定土地使用权人从事土地开发利用活动、企业事业单位和其他生产经营者从事生产经营活动时,应当采取有效措施防止、减少土壤污染,对所造成的土壤污染依法承担责任;土壤污染责任人变更的,由变更后承继其债权、债务的单位或者个人履行相关土壤污染风险管控和修复义务并承担相关费用。

2.2.5 《农药产业政策》

为贯彻落实《农药管理条例》的要求,规范和引导我国农药产业健康、可持续发展,2010 年 8 月 26 日工业和信息化部、环境保护部、农业部和国家质量监督检验检疫总局联合发布了《农药产业政策》(工联产业政策〔2010〕第 1 号),其内容涵盖了产业布局、组织结构调整和产品结构调整、技术政策、生产管理、进出口管理和社会责任等 13 个方面。《农药产业政策》明确了农药工业的发展目标：到 2015 年，50%以上的农药原药企业进入工业集中区；农药企业数量减少 30%，国内排名前 20 位的农药企业销售额达到总销售额的 50%以上；国内排名前 10 位的农药企业研发费用达到企业销售收入的 3%；"三废"排放量减少 30%，副产物资源化利用率提高 30%。

2.2.6 2016—2019 年发布的农药行业相关环境管理政策

1.《关于做好固定污染源排污许可清理整顿和 2020 年排污许可发证登记工作的通知》

2019 年 12 月 20 日，生态环境部办公厅印发了《关于做好固定污染源排污许可清理整顿和 2020 年排污许可发证登记工作的通知》（环办环评函〔2019〕939 号），要求开展固定污染源清理整顿，全面摸清各地区 2017—2019 年已完成排污许可证核发任务的火电、造纸等 33 个行业的排污单位情况，清理无证排污单位，做到排污许可证应发尽发；同时，加大执法力度，把生态环境执法作为排污许可制度落实落地的重要兜底，排污许可证核发部门应及时将固定污染源排污许可管理清单移送给环境执法部门，并配合做好证后监督检查。

2.《长江"三磷"专项排查整治行动实施方案》

为贯彻习近平总书记关于长江经济带"共抓大保护、不搞大开发"的战略部署，落实长江保护修复攻坚战的整体要求，解决长江经济带部分河段水体总磷严重超标问题，消除部分涉磷企业造成的突出水环境隐患，生态环境部于 2019 年 4 月印发《长江"三磷"专项排查整治行动实施方案》，指导湖北、四川、贵州、云南、湖南、重庆和江苏 7 个省（直辖市）开展集中排查整治。对磷化工的整治重点包括实现雨污分流、初期雨水有效收集处理、污染防治设施建成并正常运行、外排废水达标排放，其中含磷农药企业应重点强化母液的回收处理。

3.《国家危险废物名录》

《国家危险废物名录》是危险废物管理的技术基础和关键依据，在危险废物的环境管理中发挥着重要作用。我国于 1998 年首次印发并实施《国家危险废物名录》；2008 年，环境保护部会同国家发展和改革委员会修订发布

《国家危险废物名录》（环境保护部 国家发展和改革委员会令 第1号）；
2016年，环境保护部会同国家发展和改革委员会、公安部再次修订发布《国家危险废物名录》（环境保护部令 第39号）。《国家危险废物名录（2021年版）》已于2020年11月25日公布，自2021年1月1日起施行。

4.《重点行业挥发性有机物综合治理方案》

2019年6月26日，生态环境部印发《重点行业挥发性有机物综合治理方案》（环大气〔2019〕53号），要求加强对制药、农药、涂料、油墨、胶黏剂、橡胶和塑料制品等行业挥发性有机物（VOCs）的治理力度：重点提高涉VOCs排放主要工序的密闭化水平，加强无组织排放收集，加大含VOCs物料储存和装卸治理力度；对于废水储存设施、曝气池及进入曝气池之前的废水处理设施应按要求加盖封闭，实施废气收集与处理；密封点大于等于2 000个的，要开展泄漏检测与修复（LDAR）工作；积极推广使用低VOCs含量或低反应活性的原辅材料，加快工艺改进和产品升级；制药、农药行业推广使用非卤代烃和非芳香烃类溶剂，鼓励生产水基化农药制剂；优化生产工艺，在农药行业推广水相法、生物酶法合成等技术。

5.《工矿用地土壤环境管理办法（试行）》

《工矿用地土壤环境管理办法（试行）》（生态环境部令 第3号）于2018年4月12日由生态环境部部务会议审议通过，自2018年8月1日起施行。该办法针对正在运行中的工矿企业用地实施监管，对可能发生的土壤和地下水污染进行了各种制度上的规定，共分四章二十一条，包括总则、污染防控、监督管理和附则，主要适用于从事工业、矿业生产经营活动的土壤环境污染重点监管单位用地的土壤和地下水环境现状调查、环境影响评价、污染防治设施的建设和运行管理、污染隐患排查、环境监测和风险评估、污染应急、风险管控、治理与修复等，重点对象是土壤环境污染重点监管单位，包括有色金属冶炼、石油加工、化工、焦化、电镀、制革等行业中应当纳入排污许可重点管理的企业。

6.《打赢蓝天保卫战三年行动计划》

2018年6月27日，国务院正式印发了《打赢蓝天保卫战三年行动计划》（国发〔2018〕22号），对未来三年国家大气污染防治工作进行部署，将产业结构优化调整作为推动我国高质量发展的重要突破口。①优化产业布局：通过"三线一单"（生态保护红线、环境质量底线、资源利用上线、环境准入清单）编制工作，明确禁止和限制发展的行业、生产工艺和产业目录；加快城市建成区重污染企业搬迁改造或关闭退出；重点区域禁止新增化工园区，加大现有化工园区整治力度。②严控"两高"行业产能：重点区域严禁新增钢铁、焦化、电解铝、铸造、水泥和平板玻璃等产能；修订《产业结构调整指导目录》，加大落后产能淘汰和过剩产能压减力度。③深化工业污染治理：严厉打击违法排污，持续推进工业污染源全面达标排放；针对过去工业企业污染管控的薄弱环节，如无组织排放、VOCs 治理等，强化全过程管控，推进治污设施升级改造；针对污染排放量较大的钢铁等行业，推动实施超低排放改造。

7.《清洁生产审核办法》

2016 年 5 月 16 日，国家发展和改革委员会与环境保护部联合发布了修订后的《清洁生产审核办法》，指出"清洁生产审核，是指按照一定程序，对生产和服务过程进行调查和诊断，找出能耗高、物耗高、污染重的原因，提出降低能耗、物耗、废物产生以及减少有毒有害物料的使用、产生和废弃物资源化利用的方案，进而选定并实施技术经济及环境可行的清洁生产方案的过程"。该办法共六章四十条内容。

8.《农药工业"十三五"发展规划》

2016 年 5 月 26 日，中国农药工业协会（CCPIA）正式发布《农药工业"十三五"发展规划》。"十三五"期间，中国农药工业将坚持走新型工业化道路，以创新发展为主题，以提质增效为中心，进一步调整产业布局和产品结构，推动技术创新和产业转型升级，减少环境污染，满足现代农业生产需求，提高我国农药工业的国际竞争力。

9.《土壤污染防治行动计划》

2016 年 5 月 28 日，国务院印发了《土壤污染防治行动计划》（国发〔2016〕31 号），提出到 2020 年我国土壤污染加重趋势将得到初步遏制，土壤环境质量总体保持稳定；到 2030 年土壤环境风险得到全面管控；到 2050 年，土壤环境质量全面改善，生态系统实现良性循环。该行动计划还对土壤安全利用提出了具体要求。

10.《关于对环境保护领域失信生产经营单位及其有关人员开展联合惩戒的合作备忘录》

2016 年 7 月 20 日，环境保护部会同国家发展和改革委员会、中国人民银行等 31 个部门联合印发《关于对环境保护领域失信生产经营单位及其有关人员开展联合惩戒的合作备忘录》（发改财金〔2016〕1580 号），旨在对环保领域严重违法失信企业的信用信息进行公开和部门共享，运用信用约束手段构建政府、社会共同参与的跨部门、跨领域的失信联合惩戒机制，以提高企业的环保自律意识、营造良好的环保守法氛围。

11.《水污染防治重点行业清洁生产技术推行方案》

2016 年 8 月 18 日，工业和信息化部与环境保护部联合发布《水污染防治重点行业清洁生产技术推行方案》（工信部联节〔2016〕275 号），在造纸、食品加工、制革、纺织、有色金属、氮肥、农药、焦化、电镀、化学原料药制造和染料颜料制造 11 个水污染防治重点行业推广采用先进适用的清洁生产技术，实施清洁生产技术改造，从源头减少废水、COD、氨氮、含铬污泥（含水量 80%～90%）等污染物的产生和排放。其中，对农药行业提出了"高浓度含盐有机废水高温氧化及盐回收技术"等 5 项清洁生产工艺技术。

12.《石化和化学工业发展规划（2016—2020 年）》

2016 年 9 月 29 日，工业和信息化部发布《石化和化学工业发展规划（2016—2020 年）》（工信部规〔2016〕318 号），提出了我国农用化学品优化升级工程的主要内容：发展高效、安全、经济、环境友好的农药品种，进一步淘汰高毒、高残留、高环境风险农药产品，优化农药产品结构；发展环保型农药制剂以及配套的新型助剂，重点发展水分散粒剂、悬浮剂、水乳剂、微胶囊剂和大粒剂，替代乳油、粉剂和可湿性粉剂；推进农药包装物回收及无害化处理；开发推广农药及其中间体的先进清洁生产工艺和先进适用污染物处理技术，提升农药生产的环保水平；加快具有自主知识产权的农药新品种创制和产业化；开拓卫生用农药等非农用农药市场；推进农药企业兼并重组，提高产业集中度。

13.《关于以改善环境质量为核心加强环境影响评价管理的通知》

2016 年 10 月 26 日，环境保护部发布《关于以改善环境质量为核心加强环境影响评价管理的通知》（环环评〔2016〕150 号），强调环境质量现状超标地区以及未达到环境质量目标考核要求的地区上新项目将受到限制。除此之外，在生态保护红线范围内也不得上新工业项目和矿产开发项目。

14.《控制污染物排放许可制实施方案》

2016 年 11 月 10 日，国务院办公厅印发《控制污染物排放许可制实施方案》（国办发〔2016〕81 号），对完善控制污染物排放许可制度、实施企事业单位排污许可证管理作出部署，明确到 2020 年完成覆盖所有固定污染源的排污许可证核发工作，基本建立法律体系完备、技术体系科学、管理体系高效的控制污染物排放许可制度，对固定污染源实施全过程和多污染物协同控制，实现系统化、科学化、法治化、精细化和信息化的"一证式"管理。

15.《"十三五"生态环境保护规划》

2016 年 11 月 24 日，国务院印发《"十三五"生态环境保护规划》（国发〔2016〕65 号），提出到 2020 年生态环境质量总体改善的目标，并确定了打好大气、水、土壤污染防治三大战役等 7 项主要任务。该规划对 VOCs 排放作了具体规定：重点地区、重点行业推进 VOCs 总量控制，全国的 VOCs 排放总量下降 10%以上；完善 VOCs 排放标准体系，严格执行污染物排放标准；明显降低长三角区域细颗粒物（$PM_{2.5}$）浓度；大力推动珠三角区域率先实现大气环境质量基本达标；控制重点地区、重点行业的 VOCs 排放；北京、天津等 16 个省（直辖市）实施行业 VOCs 总量控制；开展 VOCs 综合整治。

16.《国家鼓励的有毒有害原料（产品）替代品目录（2016 年版）》

2016 年 12 月 14 日，工业和信息化部、科学技术部、环境保护部发布《国家鼓励的有毒有害原料（产品）替代品目录（2016 年版）》（工信部联节〔2016〕398 号），引导企业持续开发、使用低毒低害和无毒无害原料，减少产品中有毒有害物质含量，从源头削减或避免污染物的产生，其中涉及农药制剂加工用相关溶剂、助剂等 7 类化合物。

17. 《排污许可证管理暂行规定》

2016 年 12 月 23 日，环境保护部印发了《排污许可证管理暂行规定》，共分五章三十七条内容，主要规定了实行排污许可的单位，并将农药生产企业，特别是原药生产企业也纳入许可范围。

18. 《污染地块土壤环境管理办法（试行）》

2016 年 12 月 31 日，环境保护部发布了《污染地块土壤环境管理办法（试行）》，共分七章三十三条内容，对企业搬迁后拟开发利用为居住用地和商业、学校、医疗、养老机构等公共设施用地的污染地块的修复进行了规定。

2.2.7 其他相关法规（2016 年以前）

1. 五部门发布第 1586 号公告

2011 年 6 月 15 日，农业部、工业和信息化部、环境保护部、国家工商行政管理总局和国家质量监督检验检疫总局 5 个部门发布第 1586 号公告，对高毒农药采取进一步的禁限用管理措施，其中有 10 种高毒农药将在 2011 年年底前全部禁用和淘汰，有 12 种高毒农药将择机启动禁用程序。上述 22 种高毒农药共涉及 400 多家农药生产企业的 900 多种登记产品，主要用于防治地下害虫、线虫和仓储害虫等。

2. 《国家鼓励的有毒有害原料（产品）替代品目录（2012 年版）》

2012 年 12 月 27 日，工业和信息化部、科学技术部、环境保护部 3 个部门发布了《国家鼓励的有毒有害原料（产品）替代品目录（2012 年版）》（工信部联节〔2012〕620 号），引导企业在生产过程中尽量使用低毒低害和无毒无害原料，减少产品中有毒有害物质含量，从源头削减或避免污染物的产生，其中涉及农药替代的有 9 种。

3. 《关于开展草甘膦（双甘膦）生产企业环保核查工作的通知》

2013 年 5 月 21 日，环境保护部发布《关于开展草甘膦（双甘膦）生产企业环保核查工作的通知》（环办〔2013〕57 号），要求草甘膦和双甘膦生产企业的环保核查以自愿为原则，经自查、省级环保部门初审、现场审查、环境保护部复核、现场抽查等程序通过的企业将对外公告；在 2013—2015 年开展 3 次核查工作，到 2015 年年底前基本完成对草甘膦（双甘膦）生产企业的全面环保核查，公告 3 批符合环保要求的草甘膦（双甘膦）生产企业名单。

4.《清洁生产评价指标体系编制通则》（试行稿）

为加快形成统一、系统的清洁生产技术支撑体系，国家发展和改革委员会、环境保护部会同工业和信息化部等有关部门对已发布的清洁生产评价指标体系、清洁生产标准、清洁生产技术水平评价体系进行整合修编，形成了《清洁生产评价指标体系编制通则》（试行稿），于 2013 年 6 月 5 日以国家发展和改革委员会第 33 号公告发布，自发布之日起施行。

5.《重点环境管理危险化学品目录》

环境保护部办公厅于 2014 年 4 月 3 日印发了《重点环境管理危险化学品目录》（环办〔2014〕33 号），共涉及 84 种危险化学品，包括百草枯、马拉硫磷、福美双、福美锌、甲草胺、乙草胺、硫丹、氯氰菊酯和三苯基氢氧化锡等多种农药。据此，我国全面启动了危险化学品环境管理登记工作。

6.《关于公布符合环保核查要求的草甘膦（双甘膦）生产企业名单（第一批）的公告》

2014 年 7 月 3 日，环境保护部发布了《关于公布符合环保核查要求的草甘膦（双甘膦）生产企业名单（第一批）的公告》（公告 2014 年 第 47 号）。10 家参评企业中仅有 4 家通过了首批环保核查，草甘膦（双甘膦）环保政策收紧趋势明显。首批符合环保核查要求的 4 家企业分别为镇江江南化工有限公司、南通江山农药化工股份有限公司、江苏优士化学有限公司、湖北泰盛化工有限公司。

7.《化学农药环境安全评价试验准则》

2014 年 10 月 10 日，国家质量监督检验检疫总局、国家标准化管理委员会批准发布了《化学农药环境安全评价试验准则》的 21 项系列国家标准，目的是进一步提高我国农药环境风险评估和安全管理的科学水平，从源头减少农药给生态环境带来的潜在危害。这 21 项标准均自 2015 年 3 月 11 日起实施。

8. 新修订的《环境保护法》的 4 个实施细则

2015 年 1 月 1 日，新修订的《环境保护法》正式施行。为配合新法实施，环境保护部出台了《环境保护主管部门实施按日连续处罚办法》《环境保护主管部门实施查封、扣押办法》《环境保护主管部门实施限制生产、停产整治办法》《企业事业单位环境信息公开办法》这 4 个便于操作的实施细则。在这 4 个实施细则中，除了备受关注的按日连续处罚和企业环境信息公开，还包括对违法企业采取查封、扣押、限产直至停产的措施。

9.《环境保护综合名录（2015 年版）》

2015 年 12 月 17 日，环境保护部发布了《环境保护综合名录（2015 年版）》。2015 年，农药行业新增 4 个产品，分别为磷化铝、氯磺隆、石硫合剂和灭线磷。其中，磷化铝、氯磺隆和灭线磷为高环境风险产品，石硫合剂为高污染产品。

2.3 我国农药行业排污许可管理现状

国务院办公厅印发的《控制污染物排放许可制实施方案》明确了排污许可制度改革的顶层设计、总体思路。环境保护部发布的《排污许可证管理暂行规定》和《关于开展火电、造纸行业和京津冀试点城市高架源排污许可证管理工作的通知》（环水体〔2016〕189 号）启动了火电、造纸行业排污许可证申请与核发的相关工作。按照总体部署，农药行业作为《水污染防治行动计划》中规定的重点行业，应于 2017 年完成排污许可证的核发。

2017 年 2 月，《排污许可证申请与核发技术规范 农药制造工业》编制工作确定由环境保护部南京环境科学研究所（现为生态环境部南京环境科学研究所）承担，中国农药工业协会、中国环境科学研究院、江苏环保产业技术研究院、沈阳化工研究院、江苏润环环境科技有限公司作为协作单位，共同组成标准编制组。《排污许可证申请与核发技术规范 农药制造工业》（HJ 862—2017）于 2017 年 9 月 29 日正式发布，为指导农药企业申领排污许可证和生态环境部门核发排污许可证提供了重要的技术支撑。

2018 年是排污许可制度改革工作继续有序推进的一年，各项法律法规制度进一步得到完善，农药行业排污许可制度的配套标准及技术规范也相继出台：《排污单位自行监测技术指南 农药制造工业》（HJ 987—2018）于 2018 年 12 月 4 日发布，《农药制造工业大气污染物排放标准》（GB 39727—2020）于 2020 年 12 月 8 日正式发布，《排污许可管理条例》于 2021 年 1 月 24 日发布，自 2021 年 3 月 1 日起施行。

2018 年，很多未在 2017 年年底申领到排污许可证的农药企业继续申领排污许可证，一些已获证企业按照《排污许可管理办法（试行）》的要求开展相应的排污许可证变更工作。总体来说，排污许可制度的实施对于规范农药行业的环境管理起到了非常重要的作用，企业通过申领排污许可证系统梳理了产排污环节与污染物种类，更加明确了需要管控的固定污染源排放要求，进一步理解了与排污许可证监管配套的环境管理要求。

截至 2018 年 5 月，全国纳入固定污染源排污许可系统的农药行业企业共 1 021 家，分布在 29 个省（自治区、直辖市），其中，江苏省、山东省以及河南省的农药行业企业数量均超过 100 家，以江苏省数量最多（228 家），山东省次之（194 家），纳入排污许可系统的农药企业分布情况见表 2-1，其柱状图如图 2-4 所示。

表 2-1 纳入排污许可系统的农药企业分布情况

省（自治区、直辖市）	企业数量/家	占比/%
江苏省	228	22.33
山东省	194	19.00
河南省	109	10.68
河北省	70	6.86
安徽省	47	4.60
江西省	45	4.41
浙江省	43	4.21
广西壮族自治区	42	4.11
广东省	27	2.64

省（自治区、直辖市）	企业数量/家	占比/%
辽宁省	25	2.44
吉林省	21	2.05
陕西省	21	2.05
四川省	20	1.96
湖南省	18	1.76
黑龙江省	18	1.76
湖北省	15	1.47
上海市	15	1.47
天津市	12	1.18
重庆市	10	0.98
山西省	8	0.78
内蒙古自治区	7	0.69
宁夏回族自治区	6	0.59
海南省	6	0.59
甘肃省	5	0.49
福建省	4	0.49
云南省	2	0.20
贵州省	1	0.10
新疆生产建设兵团	1	0.10
新疆维吾尔自治区	1	0.10
总计	1 021	100.00

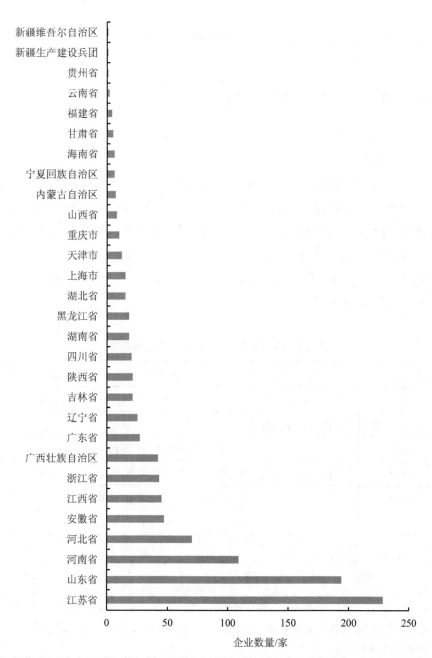

图 2-4 纳入排污许可系统的农药企业分布情况

2.4 中美农药行业排污许可制度对比

2.4.1 美国农药行业排污许可制度

1. 管控污染物种类

（1）废水

美国农药行业纳入排污许可管理的废水污染物包括常规污染物、有毒污染物和非常规污染物（表 2-2），其中，有毒污染物包括优先污染物和农药活性成分（PAIs）。受管控的污染物种类对应的技术排放标准有最佳可行控制技术（BPT）、最佳常规污染物控制技术（BCT）、最佳可行技术（BAT）、新污染源执行标准（NSPS）、现有点源预处理标准（PSES）和新建点源预处理标准（PSNS）[37]。

表 2-2　污染源类别与对应的技术排放标准

技术排放标准	常规污染物	有毒污染物	非常规污染物
BPT	BOD_5、TSS、pH[a]	49 类 PAIs	COD
BCT	BOD_5、TSS、pH	—	—
BAT	—	28 种优先污染物[b]、91 类 PAIs	
NSPS	BOD_5、TSS、pH	28 种优先污染物[b]、91 类 PAIs	COD
PSES		24 种优先污染物[c]、91 类 PAIs	—
PSNS		24 种优先污染物[c]、91 类 PAIs	

[a] BOD_5，五日生化需氧量；TSS，总悬浮物；pH，酸碱度。

[b] 28 种优先污染物包括苯、甲苯、四氯化碳、氯苯、1,2-二氯乙烷、1,1,1-三氯乙烷、三氯甲烷、2-氯酚、1,2-二氯苯、1,4-二氯苯、1,1-二氯乙烯、1,2-反式-二氯乙烯、2,4-二氯苯酚、1,2-二氯丙烷、1,3-二氯丙烯、2,4-二甲基苯酚、乙苯、二氯甲烷、氯甲烷、溴甲烷、三溴甲烷、一溴二氯甲烷、一氯二溴甲烷、萘、苯酚、四氯乙烯、总氰化物和总铅。

[c] 24 种优先污染物是指上述 28 种优先污染物中除 2-氯酚、2,4-二氯酚、2,4-二甲基苯酚、苯酚外的其他 24 种。

（2）废气

美国通过制定污染物排放标准确定了管控的大气污染物种类，这些标准包括 NSPS 和有害大气污染物排放标准（NESHAP）。前者主要对空气质量标准所要求的 6 种污染物（CO、VOCs、NO$_x$、SO$_2$、Pb、PM）设定了排放要求，又根据不同行业划分了相关的行业标准[38]；后者管控除草剂、杀虫剂和杀菌剂这些农药在生产中排放的 HAPs[39]，包括 17 种无机物和 170 种有机物，共 187 种，排放单位根据自身情况确定污染物控制项目。

2. 排污许可证发放对象

（1）废水

美国工业企业排入水体的污染物来源可分为直接排放源和间接排放源。直接排放源是指排放的污水直接进入受纳水体，间接排放源是指排放的污水经过城镇污水处理厂处理后再进入受纳水体。对于前者，向其发放 NPDES 许可证；对于后者，由国家预处理计划进行控制。美国水污染物排放许可体系框架如图 2-5 所示。美国的国家排放限值导则适用于在 PAIs 制造的化学反应过程中排放的废水，不适用于物理混合或稀释等没有化学反应发生的过程，除非该稀释过程是使化学反应后的产品保持稳定的必要步骤。国家排放限值导则主要管控化学农药制造工业和含金属元素的化学农药制造工业，单纯农药配制和包装因不排放工艺废水污染物而不受其管控。预处理计划中定义了重点工业用户以对其进行重点管控，认定条件如下：①平均每日废水排放量超过 25 000 加仑（约 94.6 m^3）；②工艺废水排放量等于或大于干旱期污水处理厂平均处理水量或有机负荷 5%的工业用户；③排放污染物可能对公共污水处理厂（POTW）的运行产生不利影响或可能存在无法达到预处理标准的工业用户；④所有适用于国家行业预处理标准的工业用户[40]。

（2）废气

美国废气排污许可证主要的发放对象是污染物的实际排放量或潜在排放量（连续运行状态下的最大排放量，以一年 8 760 小时计）达到或超过某一排放阈值的重点固定污染源。按照许可证性质的不同，可分为既有固定污染源的运行许可证和新建或改建固定污染源的建设许可证。美国大气污染物排放许可体系框架如图 2-6 所示。

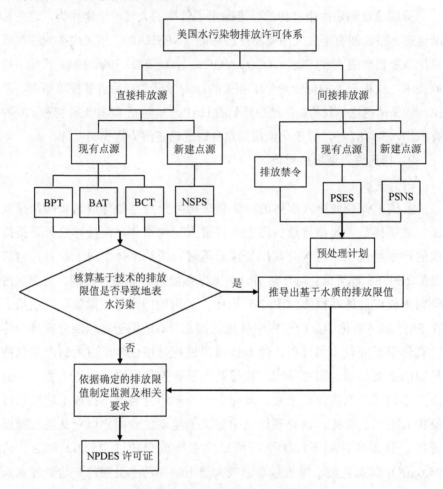

图 2-5 美国水污染物排放许可体系

　　建设许可证又称新建点源审查（NSR）许可证，根据固定污染源所在区域的空气质量达标情况可以将其分为两类：针对达标区的"防止明显恶化"（PSD）许可证和针对未达标区的"新增污染源审查"（NNSR）许可证。农药行业重点固定污染源的具体限定见表 2-3。此外，未达标区要获得许可证还需执行排污抵消制度，即新增污染物排放量必须小于现存企业的污染物削减量，才能获得 NNSR 许可证[41]。

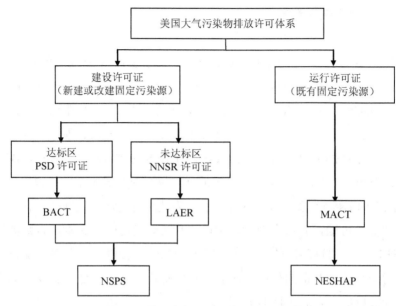

图 2-6 美国大气污染物排放许可体系

表 2-3 农药行业重点固定污染源的具体限定

许可证类型	项目	区域达标情况	污染物	潜在或实际排放量
PSD 许可证	新建项目	达标区	6 种常规大气污染物及硫酸雾、硫化氢、氟化物	≥250 t/a
			6 种温室气体	≥100 000 t CO₂e/a
	改建项目		6 种常规大气污染物及硫酸雾、硫化氢、氟化物	≥40 t/a（大部分污染物），也有低至 1 t/a
			6 种温室气体	现有设施≥100 000 t CO₂e /a 改建增加≥75 000 t CO₂e /a
NNSR 许可证	新（改）建项目	未达标区	未达标污染物或污染物前体物	≥100 t/a
运行许可证	现有项目	达标区	任一大气污染物	≥100 t/a
		未达标区	任一大气污染物	根据污染严重程度采纳更低的限值
		达标区或未达标区	单项 HAP	≥10 t/a
			所有 HAPs	≥25 t/a

3. 排放限值的确定

（1）废水

针对直接排放源的美国 NPDES 许可证包括基于技术的排放限值（Technology-based Effluent Limitations，TBELs）和基于水质的排放限值（Water Quality-based Effluent Limitations，WQBELs）。排放限值的确定可按照以下步骤：首先，识别适用的国家排放限值导则，该导则针对现有点源和新建点源分别提出了对应的污染物控制技术的排放标准（BPT、BCT、BAT、NSPS）；其次，根据工厂设施的具体情况对应导则中的排放限值；最后，将 TBELs 与水质标准、水体容纳极限值进行对比，判断是否存在导致水体超标的可能，若不会超标，则以 TBELs 确定限值文本，否则需计算WQBELs，再通过确定的基于水质基准的急性、慢性污染负荷分配量计算每种污染负荷分配量的长期平均值，然后筛选出其中最低的长期平均值，用于计算日最大限值和月平均值[42]。

针对间接排放源的美国预处理计划中的排放限值参考标准分为 3 个层次：排放禁令[43]、行业预处理标准（PSES 和 PSNS）和地方限值。对于优先污染物，农药行业 PSES 主要依据 BAT 制定，在 BAT 确定的 28 种优先污染物中，有 24 种污染物确定能直接穿过公共污水处理厂，故这 24 种污染物的排放限值等于不使用管道末端生物治理的 BAT 确定的排放限值；农药行业 PSNS 依据 PSES 制定，二者基于同样的技术基础，具有相同的浓度限值。对于 PAIs，BAT 技术适用于 PSES，二者具有相同的基于产量的排放限值；PSNS 在 PSES 限值的基础上通过减少 28% 的流量来确定排放限值[37]。

（2）废气

美国农药行业废气排污许可证遵循的标准体系分为两大类：污染物排放标准（NSPS、NESHAP）和行业控制技术标准，后者包括现有最佳控制技术（BACT）、最低可得排放率技术（LAER）和最大可得控制技术（MACT）。排放标准是对排放源排放的污染物浓度或量所做的要求；控制技术标准规定排放设施需要采取的污染控制技术以及对排放浓度的限值要求。农药行业 NESHAP 管控的固定污染源包括工艺通风口、储存容器、废水系统、设备泄漏、换热系统、产品干燥器和袋式卸料装置，通过采用 MACT 中的控制技术实现受控污染物浓度的降低或排放量的减少,包括有机 HAPs 排放量限值、氯化氢和氯的组合限值、总有机化合物(TOC)浓度限值、PM 浓度限值[26]。在 NSPS 划分的行业标准中,并没有特别强调农药行业[44],但有与合成有机化学品制造业相关的标准要求,包括设备泄漏、空气氧化工艺、化学反应、蒸馏中 VOCs 排放的性能标准,具体包括 TOC 浓度限值和排放量限值(设备泄漏标准要求检测泄漏情况并进行修复)。

4.自行监测

（1）废水

美国 NPDES 许可证自行监测的内容包括监测地点、监测频率、样本收集方法、报告和记录保持要求等[45]。一方面,许可证撰写者需选取合适的监测地点,并提供必要数据以确定污染物的排放对受纳水体的影响,监测地点并不固定,而是授权许可证撰写者根据监测地点是否合适、是否易接近、是否可行、是否代表废水特征等来确定。另一方面,监测频率需根据污染物排放和污水处理设施参数、实际测量数据或参考同类型污染企业的监测结果,以及综合处理设施容量、技术使用、达标记录、污染者的监控能力、排放地点和废水中的污染物属性等方面确定。此外,美国建立了多级监测计划,根据初始监测结果的达标状况来调整监测频率,以制定更加节省成本的监测方案[46]。美国普遍使用的采样方法是随机抽样和混合抽样,在线监测设施并未大规模使用。NPDES 许可证规定污染源必须一年至少申报一次自行监测结果,监测结果记录至少保存三年。

在预处理计划中,如果处理后的受管控工艺废水和未经处理的不受管控废水混合,可以选择通过监测混合前的单独工艺废水来确定是否符合预处理标准,或通过监测混合后的废水,利用混合废物流公式计算替代的排放限值。

（2）废气

美国废气排污许可证针对不同规模和类型的产排污单元有不同的监测要求,一定阈值以上的产排污单元需在排放口安装使用烟气连续排放监测系统(CEMS),小型产排污单元需制定并执行守法保证监测(CAM)计划,此外还需制定开关机及维护计划[47]。对监测的要求集中在使用控制装置以实现合规的单元上，PSES 中关于监测的描述主要体现在对污染控制设备的监测方面，如对使用焚烧炉或锅炉的单元安装温度监测装置，在火炬指示灯处安装热传感装置，在回收系统的最终回收装置（吸收器、冷凝器、碳吸附装置）处安装温度监测装置和有机物监测装置等，且均需安装流量指示器，并配备每 15 分钟或每个小时记录一次的连续记录仪[48]。NESHAP 中也对相关污染控制设备规定了监测要求，主要监测其操作参数，包括温度、流速、压降等，对于使用碱性溶液吸收法去除酸性气体的设备，还需每天监测一次吸收液的 pH。此外，使用 CEMS 监测记录出口的 HAPs 浓度、TOC 浓度、氯化氢和氯的总浓度，可以作为监测上述操作参数的替代方案[49]。

2.4.2 我国农药行业排污许可制度

1. 管控污染物种类

我国农药行业排污许可证管控的水污染物包括《污水综合排放标准》（GB 8978—1996）和《杂环类农药工业水污染物排放标准》（GB 21523—2008）中列出的管控因子，地方标准中规定限值要求的也纳入管控，但排污单位排放的未在标准中列出的污染物不纳入排污许可管理。农药行业受管控的水污染物共包括 11 种第一类污染物、29 种第二类污染物和 12 种杂环类农药及其中间体。

农药行业排污许可证管控的大气污染物根据废气产生的来源主要依据如下排放标准进行确定：涉及锅炉废气的，根据《锅炉大气污染物排放标准》（GB 13271—2014）确定污染物种类；涉及危险废物焚烧废气的，根据《危险废物焚烧污染控制标准》（GB 18484—2020）确定污染物种类；涉及工艺废气、发酵废气等其他废气的，根据《大气污染物综合排放标准》（GB 16297—1996）、《农药制造工业大气污染物排放标准》（GB 39727—2020）和《恶臭污染物排放标准》（GB 14554—1993）确定污染物种类。地方排放标准中有要求的，从严规定。

2. 许可证发放对象

我国将农药原药制造、主要用于农药生产的农药中间体制造和农药制剂加工的排污单位均纳入排污许可管理，实行一厂一证的管理模式。

3. 排放限值的确定

我国农药行业排污许可证管控的水污染物的排放限值主要依据现行标准 GB 8978—1996 和 GB 21523—2008，前者除包括部分通用的监测指标限值外，仅对有机磷农药的个别监测指标进行了限值规定，后者仅对 6 种杂环类农药水污染物的指标、限值、单位基准用水量、监测采样的一般原则等作了明确的规定。对于废水总排放口的 COD、氨氮及受纳水体环境质量超标且列入以上两项标准中的其他污染物项目，许可排放量；对于单纯的农药制剂加工排污单位的废水总排口，不许可排放量。

农药行业排污许可证管控的大气污染物的排放限值执行的标准为 GB 16297—1996、GB 39727—2020、GB 14554—1993、GB 18484—2020，以及地方标准中较为普适的标准。这些标准的排放限值用于在排放末端对污染因子进行管控，包括浓度限值和速率限值。通常以排放口为单位来确定主要排放口和一般排放口的许可排放浓度，以厂界监控点确定无组织排放的许可排放浓度，主要排放口应逐一计算 VOCs（以非甲烷总烃表征）、NO_x、SO_2、PM 的许可排放量（农药制造工业排污单位总许可排放量为所有主要排放口许可排放量之和），一般排放口和无组织排放不许可排放量。

许可排放量依据总量控制指标及 HJ 862—2017 规定的计算方法从严确定，2015 年 1 月 1 日（含）以后取得环境影响评价批复的排污单位，许可排放量还应同时满足环境影响评价文件和批复要求。

4. 自行监测

废水污染物监测点位包括废水总排放口和车间或生产设施排放口，农药行业重点排污单位总排放口的流量、pH、COD 和氨氮采用自动监测，其余排放口根据 HJ 987—2018 的要求对管控的污染物规定监测频次。

对于有组织排放的废气，按照排气筒分类和污染物种类确定监测频次。工艺废气排气筒、发酵废气排气筒和危险废物焚烧炉烟囱排放的 SO_2、NO_x、PM 采用自动监测，锅炉烟囱按照《排污单位自行监测技术指南　火力发电及锅炉》（HJ 820—2017）的规定设定具体监测频次，其余排放口的污染物根据 HJ 987—2018 确定监测频次。对于无组织排放废气，在厂界设置监测点位，根据许可的污染物种类确定具体监测项目，监测频次为每半年一次。

2.4.3 中美农药行业排污许可制度对比与思考

通过对中美农药行业排污许可制度的管控污染物种类、许可证发放对象、排放限值确定方法和自行监测的比较（表2-4）可以发现，我国农药行业的排污许可制度还有以下可改进的方面：①在管控污染物种类上，建议进一步完善，目前管控的污染物基本依据综合排放标准，不能代表农药行业的污染物排放特征；②在许可证发放对象上，建议区分区域环境质量达标区与未达标区，采用划分控制单元进行分区管理的模式，以利于节约人力、物力资源，做到精细化管理；③目前农药行业中水和大气污染物的排放标准尚未发布，污染物排放执行的是综合排放标准，由于标准更新慢，排污许可证所依据的排放限值未能与现行的生产工艺、排放控制水平等技术要求严密挂钩，且未能与区域环境质量相联系，对经济成本的考虑也不够充分，后续需要通过大量调研制定完善的BAT指南以细化排放限值；④我国对于自行监测的要求属于大类别统一管理，对处于不同排放情况和治理情况下的企业未能区别考虑，对污染治理情况表现突出的企业在监测要求方面也未给予特别优待，建议可以采取激励政策，如降低监测频次等，以促进企业既降低成本又达标排放，实现成本-效益的"双赢"，对于未安装自动监测设备的排放口，建议加强对污染治理设施的监控，以确保其达到良好的治理水平[50]。

表2-4 中美农药行业排污许可制度差异性总结

许可证要素		美国	中国
管控污染物种类	废水	BOD$_5$、TSS、pH、COD、28种优先污染物和91类PAIs	11种第一类污染物、29种第二类污染物和12种杂环类农药及其中间体
	废气	CO、VOCs、NO$_x$、SO$_2$、Pb、PM、17种无机物和170种有机物	VOCs（以非甲烷总烃表征）、NO$_x$、SO$_2$、PM、烟气黑度、重金属及其化合物、7种无机物、13种有机物、二噁英类以及9种恶臭污染物

许可证要素		美国	中国
许可证发放对象	废水	直接排放源：NPDES 许可证；间接排放源：国家预处理计划	不区分达标区与未达标区，对农药原药制造、主要用于农药生产的农药中间体制造的排污单位进行重点管理，对农药制剂加工的排污单位进行简化管理，实行一厂一证
	废气	潜在排放量或实际排放量超过阈值的重点固定污染源。新建或改建固定污染源：达标区发放 PSD 许可证，未标区发放 NNSR 许可证。既有固定污染源：运行许可证	
排放限值确定方法	废水	直接排放源：根据污染物控制技术排放标准（BPT、BCT、BAT、NSPS）确定基于技术的排放限值，判断是否可能导致水体超标，如果超标需确定基于水质的排放限值。间接排放源：依据行业预处理标准（PSES 和 PSNS）确定排放限值，包括浓度限值和基于产量的排放量限值，使用日最大值和月平均值两种限度	依据污染物排放标准确定浓度限值，对废水总排放口的 COD、氨氮及受纳水体环境质量超标且列入 GB 8978—1996 和 GB 21523—2008 中的其他污染物项目许可排放量。依据总量控制指标、HJ 862—2017 规定的计算方法从严确定，2015 年 1 月 1 日（含）以后取得环评批复的排污单位，许可排放量还应同时满足环评文件和批复要求
	废气	依据控制技术标准（BACT、LAER、MACT）和污染物排放标准（NSPS、NESHAP）确定排放限值，包括有机 HAPs 排放量限值、氯化氢和氯的组合限值、TOC 浓度限值和排放量限值、PM 浓度限值	依据污染物排放标准确定浓度限值和速率限值，主要排放口管控 VOCs（以非甲烷总烃表征）、NO_x、SO_2、PM 的排放量，一般排放口和无组织排放不许可排放量，许可排放量确定方法同上
自行监测	废水	监测点并不固定，监测频率需根据各厂废水特征、达标状况、处理能力和监控能力等实际情况分别确定，主要采用随机抽样和混合抽样，未大规模使用连续监测设施，排放情况或守法情况良好的还可以降低监测频次	监测点位包括废水总排放口和车间或生产设施排放口，总排放口的流量、pH、COD 和氨氮采用自动监测，其余排放口的污染物以确定的监测频次进行手工监测
	废气	一定阈值以上的产排污单元需在排放口安装 CEMS，污染控制设备是监控重点，通过对污染控制设备进行特定操作参数的监测，以确保污染治理设施运行良好、满足治理要求	主要排放口的 NO_x、SO_2、PM 采用自动监测（锅炉烟囱按 HJ 820—2017 确定监测频次），一般排放口以确定的监测频次进行手工监测，非重点监控的污染控制设备仅在台账中对日常参数、运行情况等进行记录管理

3 农药行业排污许可技术规范要点解析

3.1 总体框架

《排污许可证申请与核发技术规范　农药制造工业》(HJ 862—2017) 共包含 10 个部分的内容，即适用范围、规范性引用文件、术语和定义、排污单位基本情况填报要求、产排污环节对应排放口及许可排放限值确定方法、污染防治可行技术要求、自行监测管理要求、环境管理台账与排污许可证执行报告编制要求、实际排放量核算方法、合规判定方法。

3.2 适用范围

HJ 862—2017 根据《固定污染源排污许可分类管理名录（2017 年版）》中的农药制造（263）分类确定适用范围，即适用于对农药原药制造、主要用于农药生产的农药中间体制造和农药制剂加工的排污单位排放的大气污染物和水污染物的排污许可管理。其中，农药中间体指生产工艺与农药类似的农药前体物质。

3.3 排污单位申请填报的基本要求

3.3.1 基本信息填报

排污单位基本信息应填报单位名称、邮政编码、行业类别、是否投产、投产日期、生产经营场所中心经纬度、所在地是否属于重点区域、是否有环境影响评价批复文件及文号（备案编号）、是否有地方政府对违规项目的认定或备案文件及文号、是否有主要污染物总量分配计划文件及文号、PM总量指标（t/a）、SO_2 总量指标（t/a）、NO_x 总量指标（t/a）、COD 总量指标（t/a）、氨氮总量指标（t/a）和其他污染物总量指标（如有）等。

3.3.2 登记信息填报

1. 主要产品及产能

在填报"主要产品及产能"时，需选择行业类别，适用于 HJ 862—2017 的生产设施选择农药制造工业，执行《火电厂大气污染物排放标准》（GB 13223—2011）的生产设施选择火电行业；同时，应填报主要生产单元名称、主要工艺名称、主要生产设施名称、生产设施编号、设施参数、产品名称、生产能力、计量单位、设计年生产时间及其他。

在填报"主要生产单元"时，可分为以产品命名的生产线单元（表 3-1）和公用单元，主要填写主要生产单元名称，如草甘膦原药生产线、阿维菌素原药生产线、毒死蜱乳油制剂生产线、公用单元和其他。若同一生产线生产不同产品时，以主要产品命名，备注说明生产的其他产品。

表 3-1 以产品命名的生产线单元填报参考

农药种类		农药名称
化学农药原药	有机磷类	草甘膦、辛硫磷、毒死蜱、丙溴磷、乐果、马拉硫磷、二嗪磷、草铵膦、乙酰甲胺磷、三唑磷、异稻瘟净、稻丰散、敌敌畏、敌百虫、氧乐果等
	拟除虫菊酯类	氯氰菊酯、氯氟氰菊酯、烯丙菊酯、氰戊菊酯、甲氰菊酯等
	有机硫类	代森锰锌、沙蚕毒素、硝磺草酮等
	苯氧羧酸类	2,4-滴系列、2-甲-4-氯系列等
	磺酰脲类	甲磺隆、氯磺隆、苄嘧磺隆、氯嘧磺隆、苯磺隆、烟嘧磺隆等
	酰胺类	乙草胺、甲草胺、丁草胺、异丙甲草胺等
	有机氯类	百菌清、三氯杀螨醇等
	杂环类	莠去津、百草枯、多菌灵、吡虫啉、噻嗪酮、三唑酮、甲基硫菌灵、氟虫腈等
	氨基甲酸酯类	克百威、灭多威、异丙威、仲丁威等

农药种类	农药名称
生物农药原药	阿维菌素、井冈霉素、赤霉素、苏云金芽孢杆菌等
农药制剂（剂型）	乳油、水剂、水乳剂、微乳剂、可溶性液剂、悬浮剂、可分散油悬剂、悬浮种衣剂、悬乳剂、可湿性粉剂、可溶性粉剂、粉剂、水分散粒剂、干悬浮剂、颗粒剂、水溶性粒剂等

在填报"主要工艺"时，生产线单元根据工艺流程的主要工序填写。化学农药原药（中间体）生产工艺包括备料、反应、精制/溶剂回收、分离、干燥和其他；生物农药原药（中间体）生产工艺包括发酵、分离、干燥和其他；农药制剂加工工艺包括制剂加工和其他。公用单元的主要工艺包括物料储存系统、输送系统、供热系统、废水处理系统、固体废物处理处置系统及其他辅助系统。

在填报"主要生产设施"时，主要填报与污染物排放情况相关的生产设施，并根据与污染排放的相关程度分为必填项和选填项。必填项包括表征生产装置生产能力的设备、产生工艺废水和工艺废气的生产设备、常压的有机液体储罐、有机液体装载和分装设施等。根据生产线单元、公用单元的主要工艺分类，相关主要生产设施及其参数见表 3-2。选填项针对的是无工艺废水和工艺废气排出的设备，包括生产装置中的泵、压缩机，生产装置中的回流罐、缓冲罐、分液罐和只用于生产装置启停的设备，操作压力大于常压的有机液体储罐，用于工艺参数测量和产品质量检测的设备，生产单元中含有 VOCs 流经的设备与管线组件，热交换器以及报警设施等。

表 3-2　主要生产设施及其参数

工艺	生产设施	设施参数
备料	配料罐、混合罐、配料釜、混合釜、高位槽等	有效容积
	破碎机等	额定功率
发酵	种子罐、发酵罐、补料罐、培养罐、消毒罐等	设计生产能力、有效容积
反应	反应釜、反应器、反应床等	设计生产能力、有效容积、压力

工艺	生产设施	设施参数
精制/溶剂回收	蒸馏釜、精馏釜、蒸馏塔、精馏塔等	有效容积、温度、压力
	洗涤釜、中和釜等	
	脱色釜、脱色罐等	
	再沸器、预热器、冷凝器、薄膜蒸发器等	换热面积
分离	萃取罐、分层罐、结晶罐等	设计处理能力、有效容积
	离心过滤机、真空抽滤机、板框压滤机、"三合一"过滤机等	额定功率、转数、面积
干燥	干燥塔、真空干燥器（盘式、耙式、双锥）、沸腾床、喷干塔、烘箱等	温度、处理能力、有效容积
	干燥加热器、干燥冷凝器等	面积
制剂加工	粉碎机等	额定功率
	混合机、混合罐等	体积、额定功率
	砂磨机、过滤器、造粒机等	设计能力
物料储存系统	原料储存罐、中间母液槽、产品储存罐等	罐体的类型、有效容积，储存物质的名称、密度、腐蚀性、可燃性等
	液氯钢瓶、液氨钢瓶、氯化氢钢瓶等	
输送系统	槽车、鹤管等	吨位
供热系统	锅炉、导热油炉、加热炉等	加热能力
废水处理系统	三效蒸发器、MVR（机械蒸汽再压缩技术）蒸发器等	设计处理能力
	调节池、水解酸化池等	体积
	厌氧池、好氧池、中间池等	
	污泥浓缩池、污泥脱水间、污泥暂存间等	
固体废物处理处置系统	危险废物暂存间、残渣暂存间、废包装储存间等	面积、堆存量
	危险废物焚烧炉等	设计处理能力、燃烧温度

排污单位需填报内部生产设施编号，且编号必须唯一。若无内部生产设施编号，则根据《关于开展火电、造纸行业和京津冀试点城市高架源排污许可证管理工作的通知》附件4——《固定污染源（水、大气）编码规则（试行）》进行编号并填报。

在填报各生产线单元生产的产品名称时，可参考表3-1。

在填报"生产能力及计量单位"时，生产能力为主要产品设计产能，不包括国家或地方政府予以淘汰或取缔的产能，并应标明计量单位。

在填报"设计年生产时间"时，按环境影响评价文件及批复、地方政府对违规项目的认定或备案文件中的年生产小时数填写。

2．主要原辅料和燃料

原料包括化学品基本原料，应填写具体物质名称，见表3-3。

表3-3　原料填报参考

序号	产品名称	原料名称
1	草甘膦	多聚甲醛、甘氨酸、亚磷酸二甲酯、氢氰酸、六次甲基四胺、甲醛、亚氨基二乙腈、二乙醇胺等
2	莠去津	三聚氯氰、乙胺、异丙胺等
3	百草枯	吡啶、氯甲烷、氯气等
4	乙草胺	2-甲基-6-乙基苯胺、氯乙酰氯、甲醛、乙醇等
5	对二氯苯	苯、氯气等
6	代森锰锌	乙二胺、二硫化碳、氢氧化钠、硫酸锰、硫酸锌等
7	毒死蜱	三氯乙酰氯、丙烯腈、乙基氯化物、四氯吡啶等
8	异丙甲草胺	甲氧基丙醇、2-甲基-6-乙基苯胺、氯乙酰氯等
9	百菌清	间二甲苯、氯气、氨等
10	多菌灵	液氯、甲醇、石灰氮、邻苯二胺、光气、硫化碱等
11	2,4-滴	苯酚、氯乙酸、氯气、二氧化硫、氯乙酸钠、液碱等
12	吡虫啉	双环戊二烯、咪唑烷、2-氯-5-氯甲基吡啶等
13	杀虫单	二甲胺、氯丙烯、氯气、硫代硫酸钠等
14	乙酰甲胺磷	甲醇、三氯硫磷、精胺、乙酸酐等
15	丁草胺	2,6-二乙基苯胺、氯乙酰氯、甲醛、乙醇等
16	甲基硫菌灵	邻苯二胺、硫氰化钠、氯甲酸甲酯等
17	二甲戊灵	3,4-二甲基硝基苯、3-戊酮、氢气、硝酸等
18	敌草隆	3,4-二氯苯胺、二甲胺、光气等
19	杀虫双	二甲胺、氯丙烯、氯气、硫代硫酸钠等
20	三乙膦酸铝	三氯化磷、乙醇、硫酸铝等

序号	产品名称	原料名称
21	氟乐灵	对氯甲苯、液氯、氟化氢、浓硝酸、二正丙胺等
22	丙草胺	2,6-二乙基苯胺、乙醇、氯乙酰氯、溴丙烷等
23	敌百虫	亚磷酸二甲酯、三氯乙醛等
24	杀螟丹	杀虫双、氰化钠、甲醇、氯化氢等
25	咪鲜胺	三氯苯酚、二氯乙烷、丙胺、三氯甲基碳酸酯、咪唑等
26	克百威	异丁烯、液氯、邻苯二酚、异氰酸甲酯等
27	氯氰菊酯	间甲苯酚、氯苯、贲亭酸甲酯、氯化亚砜等
28	戊唑醇	对氯甲苯醛、频那酮、三氮唑等
29	扑草净	扑灭净、甲硫醇钠等
30	高效氯氟氰菊酯	间甲苯酚、氯苯、贲亭酸甲酯、三氟三氯乙烷、氰醇等
31	嘧菌酯	邻羟基苯乙酸、甲醇、4,6-二氯嘧啶、邻羟基苯腈、原甲酸三甲酯、硫酸二甲酯等
32	丙环唑	2,4-二氯苯乙酮、溴、1,2-戊二醇、三氮唑等
33	灭多威	盐酸羟胺、乙醛、氯气、甲硫醇钠、甲基异氰酸酯等
34	氟磺胺草醚	3,4-二氯三氟甲苯、间羟基苯甲酸、三氯氧磷、硝酸、甲基磺酰胺等

辅料指工艺过程和废水、废气污染治理过程中添加的化学品及其他物质等，如催化剂、溶剂、助剂等"化工三剂"，包括硫酸、盐酸、烧碱、液碱、液氨、氨水、三乙胺、甲醇、乙醇、二甲苯、二氯甲烷、二氯乙烷、异丙醇、叔丁醇、乙醚、石油醚、碳酸氢钠、无水三氯化铝、金属镁、硫化钠、过氧化氢、臭氧、二氧化氯、高岭土、陶土、硅藻土、混凝剂、助凝剂等。

燃料包括燃煤、原油、重油、柴油、燃料油、页岩油、天然气、沼气、液化石油气、煤层气、页岩气等。

主要原辅料和燃料均应分别填报与核定生产能力相匹配的设计年使用量。由于农药制造工业所用的有机溶剂多，VOCs 污染物排放量大，因此原辅料纯度为必填项，以百分含量表示。另外，原辅料中的铅、镉、砷、镍、汞和铬含量，燃煤中的燃料灰分、硫分、挥发分及热值，燃油和燃气中的硫分及热值，以及原辅料所对应的产品也为必填项。

3. 产排污环节、污染物及污染治理设施

（1）废气

①废气产污环节名称

废气产污环节以与废气产生相对应的工艺环节命名。

②污染物种类

对于农药制造工业排污单位，涉及锅炉废气的，根据 GB 13271—2014 确定污染物种类；涉及危险废物焚烧废气的，根据 GB 18484—2020 确定污染物种类；涉及工艺废气、发酵废气等其他废气的，根据 GB 16297—1996 和 GB 14554—1993 确定污染因子。除 SO_2、NO_x、PM、臭气浓度和 VOCs 5 个指标外，不同排污单位、产品、工艺排放的污染物种类有很大差异，排污单位应根据原料、辅料、生产工艺、环境影响评价文件及批复等相关管理规定，确定 28 种特征污染物中的具体管控指标，包括苯、甲苯、间二甲苯、对二甲苯、酚类、甲醛、乙醛、丙烯腈、丙烯醛、甲醇、苯胺类、氯苯类、硝基苯类、氯乙烯、光气、甲硫醇、甲硫醚、二甲二硫醚、二硫化碳、三甲胺、苯乙烯、氨气、氯气、氯化氢、硫化氢、氰化氢、硫酸雾和氟化物等。地方排放标准中有要求的，从严规定。根据 GB 39727—2020，新建企业自 2021 年 1 月 1 日起、现有企业自 2023 年 1 月 1 日起，其大气污染物排放控制按其规定执行。对于未发布国家污染物监测方法标准的污染物，待国家污染物监测方法标准发布后实施。

③排放形式

排放形式根据农药制造工业排污单位生产过程中的污染物排放源来确定，分为有组织排放和无组织排放两类。

④污染治理设施

污染治理设施根据废气来源分为工艺废气、含尘废气、发酵废气、锅炉烟气、危险废物焚烧炉烟气、废水处理站废气、罐区废气和危险废物暂存废气等治理设施。

⑤排放口类型

废气排放口分为主要排放口和一般排放口。主要排放口包括工艺废气排放口（备料、反应、精制/溶剂回收、分离、干燥工艺对应的生产设施废

气排放口）、发酵废气排放口（发酵工艺对应的生产设施废气排放口）、供热系统烟囱和危险废物焚烧炉烟囱；一般排放口包括制剂加工废气排放口、罐区废气排放口、废水处理站废气排放口、危险废物暂存废气排放口。

农药制造工业排污单位废气产污环节名称、污染物种类、排放形式及污染治理设施填报参考见表 3-4。

表 3-4 农药制造工业排污单位废气产污环节名称、污染物种类、排放形式及污染治理设施填报参考

生产工艺	生产设施	废气产污环节名称	污染物种类	排放形式	污染治理设施	
					污染治理设施名称	污染治理工艺名称
化学农药原药（中间体）						
备料	液体配料设施	溶剂挥发、pH调整废气	VOCs[a]、特征污染物[b]	有组织	工艺废气治理系统	冷凝、吸收、吸附、生物处理、直接燃烧、热力燃烧、催化燃烧、等离子法、光催化氧化等
	固体配料设施	固体配料粉尘	PM		含尘废气治理系统	静电除尘、袋式除尘、电袋复合除尘、旋风除尘、多管除尘、滤筒除尘、电除尘、湿式除尘、水浴除尘等
	破碎机	物料破碎粉尘				
	其他	无组织废气	VOCs、特征污染物、PM	无组织	无组织排放控制措施	泄漏修复、配备有效的废气捕集装置（如局部密闭罩、整体密闭罩、大容积密闭罩等）、配套有效的管网送至净化系统等
反应	反应釜、反应器、反应床等	反应废气	VOCs、特征污染物、SO_2[c]、NO_x[c]、二噁英类[d]	有组织	工艺废气治理系统	冷凝、吸收、吸附、生物处理、直接燃烧、热力燃烧、催化燃烧、等离子法、光催化氧化等
	其他	无组织废气	VOCs、特征污染物	无组织	无组织排放控制措施	泄漏修复、配备有效的废气捕集装置（如局部密闭罩、整体密闭罩、大容积密闭罩等）、配套有效的管网送至净化系统等

生产工艺	生产设施	废气产污环节名称	污染物种类	排放形式	污染治理设施	
					污染治理设施名称	污染治理工艺名称
精制/溶剂回收	蒸馏釜、精馏釜、蒸馏塔、精馏塔、薄膜蒸发器、洗涤釜、中和釜、脱色釜、脱色罐等	溶剂挥发、蒸馏、精馏产生的不凝气等	VOCs、特征污染物	有组织	工艺废气治理系统	冷凝、吸收、吸附、生物处理、直接燃烧、热力燃烧、催化燃烧、等离子法、光催化氧化等
	其他	无组织废气	VOCs、特征污染物	无组织	无组织排放控制措施	泄漏修复、配备有效的废气捕集装置（如局部密闭罩、整体密闭罩、大容积密闭罩等）、配套有效的管网送至净化系统等
分离	萃取设备、分层罐、结晶设备、离心过滤机、真空抽滤机、板框压滤机、"三合一"过滤机等	溶剂挥发、提取尾气	VOCs、特征污染物	有组织	工艺废气治理系统	冷凝、吸收、吸附、生物处理、直接燃烧、热力燃烧、催化燃烧、等离子法、光催化氧化等
	其他	无组织废气	VOCs、特征污染物	无组织	无组织排放控制措施	泄漏修复、配备有效的废气捕集装置（如局部密闭罩、整体密闭罩、大容积密闭罩等）、配套有效的管网送至净化系统等
干燥	真空干燥器、烘箱等	真空干燥废气、烘干废气	VOCs、特征污染物	有组织	工艺废气治理系统	冷凝、吸收、吸附、生物处理、直接燃烧、热力燃烧、催化燃烧、等离子法、光催化氧化等
			PM		含尘废气治理系统	静电除尘、袋式除尘、电袋复合除尘、旋风除尘、多管除尘、滤筒除尘、电除尘、湿式除尘、水浴除尘等

生产工艺	生产设施	废气产污环节名称	污染物种类	排放形式	污染治理设施	
					污染治理设施名称	污染治理工艺名称
干燥	真空干燥器、烘箱等	无组织废气	VOCs、特征污染物、PM	无组织	无组织排放控制措施	泄漏修复、配备有效的废气捕集装置（如局部密闭罩、整体密闭罩、大容积密闭罩等）、配套有效的管网送至净化系统等
生物农药原药（中间体）						
发酵	种子罐、发酵罐、消毒罐等	发酵尾气	VOCs、特征污染物、臭气浓度、SO_2^c、NO_x^c、二噁英类[d]	有组织	发酵废气治理系统	旋风分离、冷却降温（气气换热、气液换热）、水洗、碱吸收、氧化吸收、转轮浓缩、催化燃烧等
			PM		含尘废气治理系统	静电除尘、袋式除尘、电袋复合除尘、旋风除尘、多管除尘、滤筒除尘、电除尘、湿式除尘、水浴除尘等
	其他	无组织废气	VOCs、特征污染物、PM、臭气浓度	无组织	无组织排放控制措施	泄漏修复、配备有效的废气捕集装置（如局部密闭罩、整体密闭罩、大容积密闭罩等）、配套有效的管网送至净化系统等
分离	萃取设备、分层罐、结晶设备、离心过滤机、真空抽滤机、板框压滤机、"三合一"过滤机等	溶剂挥发、提取尾气	VOCs、特征污染物	有组织	工艺废气治理系统	冷凝、吸收、吸附、生物处理、直接燃烧、热力燃烧、催化燃烧、等离子法、光催化氧化等
	其他	无组织废气	VOCs、特征污染物	无组织	无组织排放控制措施	泄漏修复、配备有效的废气捕集装置（如局部密闭罩、整体密闭罩、大容积密闭罩等）、配套有效的管网送至净化系统等

生产工艺	生产设施	废气产污环节名称	污染物种类	排放形式	污染治理设施	
					污染治理设施名称	污染治理工艺名称
干燥	真空干燥器、烘箱等	真空干燥废气、烘干废气	VOCs、特征污染物	有组织	工艺废气治理系统	冷凝、吸收、吸附、生物处理、直接燃烧、热力燃烧、催化燃烧、等离子法、光催化氧化等
			PM		含尘废气治理系统	静电除尘、袋式除尘、电袋复合除尘、旋风除尘、多管除尘、滤筒除尘、电除尘、湿式除尘、水浴除尘等
		无组织废气	VOCs、特征污染物、PM	无组织	无组织排放控制措施	泄漏修复、配备有效的废气捕集装置（如局部密闭罩、整体密闭罩、大容积密闭罩等）、配套有效的管网送至净化系统等
农药制剂						
制剂加工	粉碎机、混合机、研磨机、过滤器、造粒机等	制剂加工废气	VOCs	有组织	工艺废气治理系统	冷凝、吸收、吸附、生物处理、直接燃烧、热力燃烧、催化燃烧、等离子法、光催化氧化等
			PM		含尘废气治理系统	静电除尘、袋式除尘、电袋复合除尘、旋风除尘、多管除尘、滤筒除尘、电除尘、湿式除尘、水浴除尘等
		无组织废气	VOCs、PM	无组织	无组织排放控制措施	泄漏修复、配备有效的废气捕集装置（如局部密闭罩、整体密闭罩、大容积密闭罩等）、配套有效的管网送至净化系统等
公用单元						
物料储存系统	原料储存罐、中间母液槽、产品储存罐等	呼吸口废气	VOCs、特征污染物	有组织	罐区废气治理系统	冷凝、吸收、吸附、生物处理、直接燃烧、热力燃烧、催化燃烧、等离子法、光催化氧化等
	液氯钢瓶、液氨钢瓶、氯化氢钢瓶等		特征污染物			
	其他	无组织废气	VOCs、特征污染物	无组织	无组织排放控制措施	泄漏修复、配备有效的废气捕集装置（如局部密闭罩、整体密闭罩、大容积密闭罩等）、配套有效的管网送至净化系统等

生产工艺	生产设施	废气产污环节名称	污染物种类	排放形式	污染治理设施	
					污染治理设施名称	污染治理工艺名称
输送系统	槽车、鹤管等	装卸、转运废气	VOCs、特征污染物	有组织	输送过程废气治理系统	冷凝、吸收、吸附、生物处理、直接燃烧、热力燃烧、催化燃烧、等离子法、光催化氧化等
		无组织废气	VOCs、特征污染物	无组织	无组织排放控制措施	泄漏修复、配备有效的废气捕集装置（如局部密闭罩、整体密闭罩、大容积密闭罩等）、配套有效的管网送至净化系统等
供热系统	锅炉、导热油炉、加热炉等	供热系统烟气	PM	有组织	含尘废气治理系统	静电除尘、袋式除尘、电袋复合除尘、旋风除尘、多管除尘、滤筒除尘、电除尘、湿式除尘、水浴除尘等
			SO$_2$		脱硫系统	石灰石/石灰-石膏湿法脱硫、双碱法脱硫、氨法脱硫、氧化镁法脱硫、循环流化床脱硫、旋转喷雾脱硫等
			NO$_x$		脱硝系统	低氮燃烧、选择性催化还原（SCR）、选择性非催化还原（SNCR）等
			汞及其化合物		协同处置系统	活性炭/焦吸附、炉内添加卤化物、烟道喷入活性炭/焦等
废水处理系统	三效蒸发器、MVR蒸发器、调节池、水解酸化池、厌氧池、好氧池、中间池、污泥浓缩池、污泥脱水间、污泥暂存间、风机、泵等	废水处理废气	VOCs、特征污染物、臭气浓度	有组织	废水处理站废气治理系统	冷凝、吸收、吸附、生物处理、直接燃烧、热力燃烧、催化燃烧、等离子法、光催化氧化等
	其他	无组织废气	VOCs、特征污染物、臭气浓度	无组织	无组织排放控制措施	泄漏修复、配备有效的废气捕集装置（如局部密闭罩、整体密闭罩、大容积密闭罩等）、配套有效的管网送至净化系统等

生产工艺	生产设施	废气产污环节名称	污染物种类	排放形式	污染治理设施	
					污染治理设施名称	污染治理工艺名称
固体废物处理处置系统	危险废物暂存间、残渣暂存间、废包装储存间等	危险废物暂存废气	VOCs、特征污染物、臭气浓度	有组织	危险废物暂存废气治理系统	冷凝、吸收、吸附、生物处理、直接燃烧、热力燃烧、催化燃烧、等离子法、光催化氧化等
			VOCs、特征污染物、臭气浓度	无组织	无组织排放控制措施	泄漏修复、配备有效的废气捕集装置（如局部密闭罩、整体密闭罩、大容积密闭罩等）、配套有效的管网送至净化系统等
	危险废物焚烧炉	焚烧炉烟气	烟尘	有组织	含尘废气治理系统	静电除尘、袋式除尘、电袋复合除尘、旋风除尘、多管除尘、滤筒除尘、电除尘、湿式除尘、水浴除尘等
			SO₂		脱硫系统	石灰石/石灰-石膏湿法脱硫、双碱法脱硫、氨法脱硫、氧化镁法脱硫、循环流化床脱硫、旋转喷雾脱硫等
			NOₓ		脱硝系统	低氮燃烧、SCR、SNCR 等
			氯化氢、一氧化碳、氟化氢		危险废物焚烧废气治理系统	吸收、吸附、提高燃烧效率等
			汞及其化合物，镉及其化合物，砷、镍及其化合物，铅及其化合物，铬、锡、锑、铜、锰及其化合物，二噁英类		协同处置系统	活性炭/焦吸附、炉内添加卤化物、烟道喷入活性炭/焦/石灰

a HJ 862—2017 使用非甲烷总烃作为排气筒 VOCs 排放的综合控制指标。

b 见 GB 16297—1996、GB 14554—1993、GB 39727—2020 所列污染物，根据环境影响评价文件及其批复等相关环境管理规定确定具体污染物项目。地方排放标准有要求的，按其规定。

c 若工艺废气和发酵废气采用燃烧法，需增加 SO₂、NOₓ 项目；若工艺废气和发酵废气采用非燃烧法，排放 SO₂ 的生产工艺需增加 SO₂ 项目，排放 NOₓ 的生产工艺需增加 NOₓ 项目。

d 采用燃烧法处理时需增加该项目控制。

（2）废水

①废水类别和污染物种类

农药制造工业排污单位的废水分为生产废水（包括各反应、精制/溶剂回收、分离阶段产生的水相母液等工艺废水，催化剂载体、吸附剂、各类工艺设备和材料的洗涤水，地面冲洗废水及真空废水等）、辅助生产工序排水（包括循环冷却水系统排水、去离子水制备过程排水、锅炉排水、热电锅炉等辅助设备冷凝水等）、初期雨水、生活污水等。根据 GB 8978—1996、GB 21523—2008，同时参考《农药工业水污染物排放标准》（征求意见稿）确定污染物种类。有地方排放标准要求的，按照地方排放标准确定。

②排放去向及排放规律

根据《废水排放去向代码》（HJ 523—2009）确定废水排放去向，分为不外排，排至厂内综合污水处理站，直接进入海域、江河、湖、库等水环境，进入城市下水道（再进入江、河、湖、库），进入城市下水道（再进入沿海海域），进入城镇污水处理厂，进入其他单位，进入工业废水集中处理设施及其他（回用等）。根据《废水排放规律代码（试行）》（HJ 521—2009），结合农药行业特点，确定废水排放规律，分为连续排放和间歇排放，根据流量稳定性和周期性可进行细化。

③废水治理设施名称及污染治理工艺

污染治理设施分为预处理系统、生化处理系统和深度处理与回用系统等。预处理系统包括调节、多效蒸发、吹脱、汽提、混凝、沉淀、气浮、破乳、油水分离（隔油、浮选）、中和、氧化、萃取、蒸馏、吸附、水解等。生化处理系统包括升流式厌氧污泥床（UASB）、厌氧颗粒污泥膨胀床（EGSB）、厌氧流化床（AFB）、复合式厌氧污泥床（UBF）、厌氧内循环反应器（IC）、水解酸化、活性污泥法、序批式活性污泥法（SBR）、氧化沟、缺氧/好氧法（A/O）、膜生物法（MBR）、曝气生物滤池（BAF）、生物接触氧化法、传统硝化反硝化、短程硝化反硝化、同时硝化反硝化等。深度处理与回用系统包括蒸发结晶、混凝、砂滤、臭氧氧化、Fenton 氧化、超滤（UF）、反渗透（RO）、焚烧等。

④排放口类型

根据 GB 8978—1996、GB 21523—2008，废水排放口类型分为排污单位废水总排放口（直接排放口、间接排放口）和车间或生产设施废水排放口两类，其中，废水总排放口为主要排放口，车间或生产设施废水排放口为一般排放口。单纯的农药制剂加工排污单位的总排放口也为一般排放口。

农药制造工业排污单位的废水类别、污染物种类、排放口类型、污染治理设施/工艺填报参考见表 3-5。

表 3-5　农药制造工业排污单位废水类别、污染物种类、排放口类型、污染治理设施/工艺填报参考

废水类别	污染物种类	排放口类型	污染治理设施/工艺
	杂环类农药原药制造工业排污单位：莠去津、氟虫腈	车间或生产设施废水排放口	车间处理设施：调节、混凝、沉淀、中和、萃取、吸附等
	其他类农药制造工业排污单位：总汞、烷基汞、总镉、总铬、六价铬、总砷、总铅、总镍、苯并[a]芘、总铍、总银		
生产废水	杂环类农药原药制造工业排污单位：pH、色度、悬浮物、COD、氨氮、总氰化物、氟化物、甲醛、甲苯、氯苯、可吸附有机卤化物、苯胺类、2-氯-5-氯甲基吡啶、咪唑烷、吡虫啉、三唑酮、对氯苯酚、多菌灵、邻苯二胺、吡啶、百草枯离子、2,2′:6′,2″-三联吡啶	废水总排放口	预处理系统：调节、多效蒸发、吹脱、汽提、混凝、沉淀、气浮、破乳、油水分离（隔油、浮选）、中和、氧化、萃取、蒸馏、吸附、水解等 生化处理系统：UASB、EGSB、AFB、UBF、IC、水解酸化、活性污泥法、SBR、氧化沟、A/O、MBR、BAF、生物接触氧化法、传统硝化反硝化、短程硝化反硝化、同时硝化反硝化等 深度处理与回用系统：蒸发结晶、混凝、砂滤、臭氧氧化、Fenton 氧化、UF、RO、焚烧等
	其他类农药制造工业排污单位：pH、色度、悬浮物、COD、BOD$_5$、TOC、氨氮、石油类、动植物油、氟化物、磷酸盐（以 P 计）、硫化物、总锰、总锌、挥发酚、总氰化物、可吸附有机卤化物、甲醛、氯苯类、硝基苯类、苯胺类、苯、甲苯、二甲苯、乙苯、有机磷农药（以 P 计）、乐果、马拉硫磷、五氯酚及五氯酚钠（以五氯酚计）		
辅助生产工序排水	悬浮物、COD、BOD$_5$、氨氮、石油类		

废水类别	污染物种类	排放口类型	污染治理设施/工艺
初期雨水	杂环类农药原药制造工业排污单位：pH、色度、悬浮物、COD、氨氮、总氰化物、氟化物、甲醛、甲苯、氯苯、可吸附有机卤化物、苯胺类、2-氯-5-氯甲基吡啶、咪唑烷、吡虫啉、三唑酮、对氯苯酚、多菌灵、邻苯二胺、吡啶、百草枯离子、2,2′:6′,2″-三联吡啶	废水总排放口	预处理系统：调节、多效蒸发、吹脱、汽提、混凝、沉淀、气浮、破乳、油水分离（隔油、浮选）、中和、氧化、萃取、蒸馏、吸附、水解等 生化处理系统：UASB、EGSB、AFB、UBF、IC、水解酸化、活性污泥法、SBR、氧化沟、A/O、MBR、BAF、生物接触氧化法、传统硝化反硝化、短程硝化反硝化、同时硝化反硝化等 深度处理与回用系统：蒸发结晶、混凝、砂滤、臭氧氧化、Fenton 氧化、UF、RO、焚烧等
	其他类农药制造工业排污单位：pH、色度、悬浮物、COD、BOD_5、TOC、氨氮、石油类、动植物油、氟化物、磷酸盐（以 P 计）、硫化物、总锰、总锌、挥发酚、总氰化物、可吸附有机卤化物、甲醛、氯苯类、硝基苯类、苯胺类、苯、甲苯、二甲苯、乙苯、有机磷农药（以 P 计）、乐果、马拉硫磷、五氯酚及五氯酚钠（以五氯酚计）		
生活污水	pH、悬浮物、COD、BOD_5、动植物油、氨氮		

⑤排放口设置是否符合要求

根据《排污口规范化整治技术要求（试行）》（国家环保局环监〔1996〕470号）等相关文件的规定，应按照实际情况填报废气、废水排放口设置是否符合规范化要求；若地方有排污口规范化要求的，应符合地方要求。排污单位在申报排污许可证时应提交排污口规范化的相关证明文件，自证符合要求。

3.3.3　许可事项填报

污染物许可排放限值包括许可排放浓度和许可排放量。许可排放量包括年许可排放量和特殊时段许可排放量。年许可排放量是指允许排污单位连续 12 个月排放污染物的最大排放量。地方生态环境主管部门可根据需要将年许可排放量按月进行细化。单纯的农药混合与分装制剂生产线不许可排放量，仅许可排放浓度。

对于大气污染物，以排放口为单位确定主要排放口和一般排放口的许可排放浓度，以厂界监控点确定无组织排放的许可排放浓度。主要排放口逐一计算许可排放量，农药制造工业排污单位总许可排放量为所有主要排放口的许可排放量之和。一般排放口和无组织排放不许可排放量。排污单位纳入可管理的废气有组织排放源和污染物项目见表3-6，厂界无组织排放污染物项目见表3-7。

表 3-6　纳入许可管理的废气有组织排放源及污染物项目

排放口类型	排放源	许可排放浓度（或速率）的污染物项目	许可排放量的污染物项目
主要排放口	工艺废气排气筒	PM、VOCs [a]、特征污染物 [b]、SO$_2$ [c]、NO$_x$ [c]、二噁英类 [d]	VOCs、SO$_2$ [c]、NO$_x$ [c]、PM
	发酵废气排气筒	PM、VOCs、特征污染物、臭气浓度、SO$_2$ [c]、NO$_x$ [c]、二噁英类 [d]	VOCs、SO$_2$ [c]、NO$_x$ [c]、PM
	供热系统烟囱	PM、SO$_2$、NO$_x$、汞及其化合物 [e]	PM、SO$_2$、NO$_x$
	危险废物焚烧炉烟囱	烟尘 [f]、SO$_2$、NO$_x$、一氧化碳、氯化氢、氟化氢、汞及其化合物、镉及其化合物、砷、镍及其化合物、铅及其化合物、铬、锡、锑、铜、锰及其化合物、二噁英类	PM、SO$_2$、NO$_x$
一般排放口	制剂加工废气排放口	PM、VOCs	—
	罐区废气排放口	VOCs、特征污染物	—
	废水处理站废气排放口	VOCs、臭气浓度、特征污染物	—
	危险废物暂存废气排放口	VOCs、臭气浓度、特征污染物	—

[a] HJ 862—2017 用非甲烷总烃作为排气筒 VOCs 排放的综合控制指标，待 TOC 或 NMOC 监测标准发布后，按其规定。
[b] 见 GB 16297—1996、GB 14554—1993、GB 39727—2020 所列污染物，根据环境影响评价文件及其批复等相关环境管理规定确定具体污染物项目。地方排放标准有要求的，按其规定。
[c] 若工艺废气和发酵废气采用燃烧法，需增加 SO$_2$、NO$_x$ 项目；若工艺废气和发酵废气采用非燃烧法，排放 SO$_2$ 的生产工艺需增加 SO$_2$ 项目，排放 NO$_x$ 的生产工艺需增加 NO$_x$ 项目。
[d] 采用燃烧法处理时需增加该项目控制。
[e] 燃煤锅炉烟囱需增加该项目控制。
[f] 许可排放量以 PM 计。

注：未发布国家污染物监测方法标准的污染物，待国家污染物监测方法标准发布后实施。

表 3-7　纳入许可管理的厂界无组织排放污染物项目

管控位置	许可排放浓度污染物
厂界	PM、VOCs [a]、臭气浓度、特征污染物 [b]

[a] HJ 862—2017 用非甲烷总烃作为厂界 VOCs 排放的综合控制指标，待 TOC 或 NMOC 监测标准发布后，按其规定。
[b] 见 GB 16297—1996、GB 14554—1993、GB 39727—2020 所列污染物，根据环境影响评价文件及其批复等相关环境管理规定确定具体污染物项目。地方排放标准有要求的，按其规定。

对于水污染物，车间或生产设施排放第一类污染物的废水排放口许可排放浓度，废水总排放口同时许可排放浓度和排放量。单纯的农药制剂加工排污单位废水总排放口不许可排放量。排污单位纳入许可管理的废水排放口及污染物项目见表 3-8。

表 3-8　纳入许可管理的废水排放口及污染物项目

排放口		许可排放浓度污染物项目	许可排放量污染物项目
废水总排放口	杂环类农药原药	pH、色度、悬浮物、COD、氨氮、总氰化物、氟化物、甲醛、甲苯、氯苯、可吸附有机卤化物、苯胺类、2-氯-5-氯甲基吡啶、咪唑烷、吡虫啉、三唑酮、对氯苯酚、多菌灵、邻苯二胺、吡啶、百草枯离子、2,2′:6′,2″-三联吡啶	COD、氨氮及受纳水体环境质量超标且列入 GB 8978—1996 和 GB 21523—2008 中的其他污染物项目
	其他类农药	pH、色度、悬浮物、COD、BOD₅、TOC、氨氮、石油类、动植物油、氟化物、磷酸盐（以 P 计）、硫化物、总锰、总锌、挥发酚、总氰化物、可吸附有机卤化物、甲醛、氯苯类、硝基苯类、苯胺类、苯、甲苯、二甲苯、乙苯、有机磷农药（以 P 计）、乐果、马拉硫磷、五氯酚及五氯酚钠（以五氯酚计）	
车间或生产设施废水排放口	杂环类农药原药	莠去津、氟虫腈	—
	其他类农药	总汞、烷基汞、总镉、总铬、六价铬、总砷、总铅、总镍、苯并[a]芘、总铍、总银	—

注：①排污单位根据原料、辅料、生产工艺、环境影响评价文件及批复等相关管理规定，从表中选取纳入排污许可管理的污染物。
②单纯的农药制剂加工排污单位不许可排放量。
③对位于《"十三五"生态环境保护规划》及生态环境部正式发布的文件中规定的总磷和总氮总量控制区域内的排污单位，待农药工业水污染物排放标准发布并提出总磷、总氮的排放限值要求后，还应申请总磷、总氮许可排放量。

根据国家或地方污染物排放标准确定许可排放浓度。依据总量控制指标及 HJ 862—2017 规定的方法从严确定许可排放量,2015 年 1 月 1 日(含)以后取得环境影响评价批复的排污单位,许可排放量还应同时满足环境影响评价文件和批复要求。

总量控制指标包括地方政府或生态环境主管部门发文确定的排污单位总量控制指标、环境影响评价批复时的总量控制指标、现有排污许可证中载明的总量控制指标、通过排污权有偿使用和交易确定的总量控制指标等地方政府或生态环境主管部门与排污许可证申领排污单位以一定形式确认的总量控制指标。

排污单位填报许可限值时,应在排污许可证申请表中写明申请的许可排放限值计算过程,包括用本书 3.4.1 中"2. 许可排放量的确定"中的公式计算的各类取值来源、计算结果、与其他结果比较等。

排污单位申请的许可排放限值严于 HJ 862—2017 规定的,排污许可证按照申请的许可排放限值核发。

3.3.4 管理要求填报

按照《控制污染物排放实施方案》和《排污许可证管理暂行规定》要求,环境管理台账是排污单位依证排污、自证守法的主要依据,也是生态环境管理部门依证监管的主要检查内容。台账记录为原始记录,应真实反映实际运行情况,依据企业实际运行情况进行总结归纳,并形成执行报告。HJ 862—2017 按照台账记录和执行报告编制目的,结合农药制造工业的特点,规定了排污单位环境管理台账记录和执行报告编制的要求。农药制造工业现有台账记录内容需满足 HJ 862—2017 的要求,也可参照规定格式制定环境管理台账;执行报告需按 HJ 862—2017 规定的上报内容和频次提交,并在排污许可证申请表中明确。

3.4 排污许可申请的主要技术方法

3.4.1 许可排放浓度和许可排放量的确定方法

1. 许可排放浓度的确定

（1）废气

农药制造工业排污单位的废气污染物种类多，按照排放形式分为有组织排放、无组织排放。

有组织废气排放浓度的许可原则如下：

①工艺、发酵、制剂加工、罐区、废水处理站、危险废物暂存等不同种类废气中涉及的污染物许可排放浓度或速率限值依据 GB 16297—1996 和 GB 14554—1993 确定。有地方排放标准要求的，按照地方排放标准确定。

②锅炉、导热油炉、加热炉等废气中的 PM、SO_2、NO_x、汞及其化合物（仅适用于燃煤锅炉）依据 GB 13271—2014 确定许可排放浓度。上海、南京等城市的市域范围按照《关于执行大气污染物特别排放限值的公告》（环境保护部公告 2013 年 第 14 号）和《关于执行大气污染物特别排放限值有关问题的复函》（环办大气函〔2016〕1087 号）的要求确定许可排放浓度。其他依法执行特别排放限值的应按其规定。

③焚烧危险废物的焚烧炉废气依据 GB 18484—2020 确定许可排放浓度。

④若执行不同许可排放浓度的多台生产设施或排放口采用混合方式排放废气，且选择的监控位置只能监测混合废气中的大气污染物浓度，则应执行各限值要求中最严格的许可排放浓度。

鉴于目前无组织排放量的计算存在基础数据不足、计算方法不统一等原因，HJ 862—2017 仅对厂界无组织排放浓度提出要求。无组织废气排放浓度的许可原则如下：

厂界无组织排放浓度依据 GB 16297—1996、GB 14554—1993 确定许可排放浓度；有地方排放标准要求的，按照地方排放标准确定。

（2）废水

农药制造工业排污单位水污染物依据 GB 21523—2008、GB 8978—1996 及《污水排入城镇下水道水质标准》（GB/T 31962—2015）确定许可排放浓度。农药工业水污染物排放标准正式发布后，按其规定。有地方排放标准要求的，按照地方排放标准确定。《关于太湖流域执行国家排放标准水污染物特别排放限值时间的公告》（环境保护部公告 2008 年　第 28 号）、《关于太湖流域执行国家排放标准水污染物特别排放限值行政区域范围的公告》（环境保护部公告 2008 年　第 30 号）中所涉及行政区域的水污染物特别排放限值按其要求执行。其他依法执行特别排放限值的应按其规定。

对于直排外环境的，GB 21523—2008 和 GB 8978—1996 的管理要求相同，只是在污染因子和排放浓度上有差别，GB 862—2017 规定按相应污染物排放标准确定许可排放因子和浓度。

若排污单位在同一个废水排放口排放两种或两种以上的工业废水，且每种废水同一种污染物的排放限值不同时，若各种废水均适用 GB 8978—1996，则许可排放浓度按照 GB 8978—1996 中附录 A 的要求确定；若其中一种或一种以上废水适用某项行业水污染物排放标准，则优先执行相应行业水污染物排放标准中关于混合废水排放标准的规定，行业水污染物排放标准未作规定的，适用 GB 8978—1996 中附录 A 的要求。若杂环类农药原药制造工业排污单位生产设施同时生产两种以上产品，可适用不同排放控制要求或不同行业国家污染物排放标准，且在生产设施产生的污水混合处理排放的情况下，应执行排放标准中规定最严格的浓度限值。

2．许可排放量的确定

（1）废气

农药制造工业排污单位产生废气污染物的种类较多，按照排放形式分为有组织排放和无组织排放。鉴于目前部分正常工况下的无组织废气排放量的计算存在基础数据不足，计算方法不统一等原因，此次 HJ 862—2017 仅对正常工况下的有组织排放源 SO_2、NO_x、PM 和 VOCs 的年许可排放量进行核算。其中，供热系统烟气、危险废物焚烧炉烟气的年许可排放量包括 SO_2、NO_x、PM 的年许可排放量，工艺/发酵废气的年许可排放量包括

VOCs、SO_2、NO_x、PM 的年许可排放量。

SO_2、NO_x、PM 的年许可排放量为供热系统、危险废物焚烧炉烟气和工艺/发酵废气的年许可排放量之和。VOCs 的年许可排放量为各工艺/发酵废气的年许可排放量之和。计算公式如下：

$$E = \sum_{i=1}^{n} E_i \tag{3-1}$$

式中，E——农药制造工业排污单位年许可排放量，t/a；

E_i——第 i 个排放口废气污染物的年许可排放量，t/a。

①供热系统烟气 SO_2、NO_x、PM 的年许可排放量

使用燃煤或燃油的供热系统烟气污染物许可排放量的计算公式如下：

$$E_i = R \times Q \times C \times 10^{-6} \tag{3-2}$$

使用燃气的供热系统烟气污染物许可排放量的计算公式如下：

$$E_i = R \times Q \times C \times 10^{-9} \tag{3-3}$$

式中，E_i—— 第 i 个排放口废气污染物的年许可排放量，t/a；

R—— 设计燃料用量，t/a 或 m^3/a；

Q—— 基准烟气量，m^3/kg 燃煤（燃油）或 m^3/m^3 天然气，具体取值见表 3-9；

C—— 污染物的许可排放浓度，mg/m^3。

表 3-9　燃烧废气基准烟气量取值

燃　料	热值/（MJ/kg）	基准烟气量
煤炭/（m^3/kg 燃煤）	12.5	6.2
	21	9.9
	25	11.6
燃料油/（m^3/kg 燃油）	38	12.2
	40	12.8
	43	13.8
天然气/（m^3/m^3）	—	12.3

注：①燃用其他热值燃料的，可按照《动力工程师手册》进行计算。
②燃用生物质燃料蒸汽锅炉的基准排气量参考燃煤蒸汽锅炉确定，或参考近三年企业实测的烟气量，或近一年连续在线监测的烟气量。

②危险废物焚烧炉烟气 SO_2、NO_x、PM 的年许可排放量

危险废物焚烧炉烟气污染物许可排放量依据污染物许可排放浓度、排放口的排气量和年设计运行时数核算，计算公式如下：

$$E_i = h \times Q \times C \times 10^{-9} \quad\quad (3\text{-}4)$$

式中，E_i —— 第 i 个排放口废气污染物的年许可排放量，t/a；

$\quad\quad h$ —— 年设计运行时数，h/a；

$\quad\quad Q$ —— 排气量（标准状态），m^3/h；

$\quad\quad C$ —— 污染物许可排放浓度，mg/m^3。

排放源的排气量以近三年实际排气量的均值进行核算；未满三年的，以实际生产周期的实际排气量的均值进行核算；投运满三年，但近三年实际排气量波动较大的，可选取正常运行的一年实际排气量的均值进行核算；排气量不得超过设计排气量。

③工艺/发酵废气 VOCs、SO_2、NO_x、PM 的年许可排放量

污染物的年许可排放量为所有工艺/发酵废气排放口年许可排放量之和。应同时采用基于许可排放浓度和单位产品排放绩效两种方法核定许可排放量，从严确定许可排放量。

基于许可排放浓度的许可排放量核算方法如下：

$$E = \sum_{i=1}^{n} h_i \times Q_i \times C_i \times 10^{-9} \qu\quad (3\text{-}5)$$

式中，E —— 废气污染物年许可排放量，t/a；

$\quad\quad h_i$ —— 第 i 个工艺/发酵废气排放口年设计运行时数，h/a；

$\quad\quad Q_i$ —— 第 i 个工艺/发酵废气排放口的排气量（标准状态），m^3/h；

$\quad\quad C_i$ —— 第 i 个工艺/发酵废气排放口的污染物许可排放浓度，mg/m^3；

$\quad\quad n$ —— 排污单位工艺/发酵废气排放口的数量，量纲一。

排放源的排气量以近三年实际排气量的均值进行核算；未满三年的，以实际生产周期的实际排气量的均值进行核算；投运满三年，但近三年实际排气量波动较大的，可选取正常运行的一年实际排气量的均值进行核算；排气量不得超过设计排气量。

基于单位产品排放绩效的许可排放量核算方法如下：

$$E = C \times \sum_{i}^{n} (P_i \times S_i) \times 10^{-9} \qquad (3\text{-}6)$$

式中，E —— 废气污染物年许可排放量，t/a；

C —— 污染物许可排放浓度限值，mg/m³；

P_i —— i 产品工业废气量排污系数（标准状态），m³/t 产品；

S_i —— i 产品近三年实际产量平均值，t/a；

未投运或投运不满一年的按产能计算；投运满一年但未满三年的，取周期年实际产量平均值计算；投运满三年，但实际产量波动较大的，可选取正常运行一年的实际产量计算；当实际产量平均值超过产能时，按合法产能计算。排污系数按表 3-10 取值。表 3-10 中未包括的农药产品，按 1.67×10^5（标准状态）m³/t 产品取值。

表 3-10 农药制造工业排污系数

类别	产品名称	原料名称	工艺名称	规模等级	末端治理技术名称	排污系数（标准状态）/（m³/t 产品）
化学农药制造工业	草甘膦	多聚甲醛、甘氨酸、亚磷酸二甲酯	甘氨酸工艺	所有规模	压缩回收	20.70
		二乙醇胺、亚磷酸、多聚甲醛	二乙醇胺氧化、双甘膦工艺	所有规模	吸收法+催化氧化法	241.4
	敌百虫	三氯化磷、三氯乙醛、甲醇	三氯乙醛工艺	所有规模	压缩回收	68.60
	三唑磷	乙基氯化物、苯肼	缩合	所有规模	吸收法	48 480
	毒死蜱	三氯乙酰氯、丙烯腈、乙基氯化物	环合+缩合	所有规模	冷凝法+吸收法	46 343
	其他有机磷类农药[a]	含磷原料	合成	所有规模	吸收法	5 000

类别	产品名称	原料名称	工艺名称	规模等级	末端治理技术名称	排污系数（标准状态）/（m³/t 产品）
化学农药制造工业	吡虫啉	双环戊二烯、2-氯-5-氯甲基吡啶、咪唑烷	双环戊二烯法	所有规模	吸收法	69 725
		丙醛、吗啉、丙烯酸甲酯	丙醛-吗啉法	所有规模	吸收法	22.70
	多菌灵	石灰氮、邻苯二胺、光气、甲醇	水解、缩合	所有规模	催化水解法（回收）	39.20
	其他杂环类农药 b	含氮原料	合成	所有规模	吸收法	1 000
	乙草胺	2,6-甲乙基苯胺、氯乙酰氯、多聚甲醛、乙醇	酰胺法/甲叉法	所有规模	吸收法	172.8
	其他酰胺类农药 c	原料	合成	所有规模	吸收法	173.0
	克百威	呋喃酚、甲基异氰酸酯、一甲胺、光气	合成	所有规模	催化水解法	110 000
	异丙威、混灭威、速灭威	邻异丙基酚	甲异氰酸酯合成法	所有规模	催化水解法	9 000
	其他氨基甲酸酯类农药 d	—	—	所有规模	催化水解法	9 000
	代森锰锌	硫酸锰	合成	所有规模	过滤式除尘法	3 000
	其他有机硫类农药 e	含硫原料	合成	所有规模	过滤式除尘法	3 000
	杀虫双	氯丙烯、液氯、二甲胺、二氯乙烷	氯丙烯溶剂法	所有规模	吸收法	34.97
	其他沙蚕毒素类农药 f	原料	合成	所有规模	吸收法	50.00

类别	产品名称	原料名称	工艺名称	规模等级	末端治理技术名称	排污系数（标准状态）/（m^3/t 产品）
化学农药制造工业	苯磺隆	糖精、甲醇、光气、甲基三嗪	半合成法	所有规模	吸收法	13 000
	苄嘧磺隆	邻甲基苯甲酸、光气、氯气、硝酸胍、丙酯、甲醇、三氯氧磷	全合成法	所有规模	催化水解法	17 000
		卞磺胺、光气、2-氨基-4,6-二甲氧基嘧啶	半合成法	所有规模	催化水解法	48 000
	其他磺酰脲类 g	糖精、甲醇、光气、异氰酸丁酯、二羟基嘧啶、三氯氧磷	全合成	所有规模	催化水解法	8 500
		原料	半合成	所有规模	催化水解法	30 000
生物农药制造工业	阿维菌素	淀粉、黄豆饼粉	生物发酵	所有规模	直排	6 802 000
	苏云金杆菌（Bt）	豆粕、淀粉、玉米浆等	生物发酵	所有规模	直排	0.297 0
	其他类生物农药 h	淀粉等	发酵/提取等	所有规模	直排	1 000 000
	其他类生物农药	动、植物原料	染毒活体或培养基粉碎 i、植物粉碎、萃取等 j	所有规模	—	10 000

a 其他有机磷类农药包括倍硫磷、拌种灵、丙溴磷、草铵膦、虫胺磷、哒嗪硫磷、稻丰散、二嗪磷、二溴磷、伏杀硫磷、甲拌磷、甲基吡恶磷、甲基毒死蜱、甲基嘧啶磷、甲基异柳磷、喹硫磷、乐果、氯胺磷、马拉硫磷、嘧啶磷、灭线磷、三乙膦酸铝、杀螟腈、杀螟硫磷、杀扑磷、莎稗磷、水胺硫磷、双硫磷、特丁硫磷、硝虫硫磷、亚胺硫磷、氧乐果、乙酰甲胺磷、异稻瘟净、苯线磷。

b 其他杂环类农药包括百草枯、苯菌灵、吡嗪酮、草除灵、稻瘟灵、敌草快、啶虫脒、恶草酮、恶霉灵、恶唑禾草灵、二氯吡啶酸、氟菌唑、氟吗啉、环嗪酮、氯吡脲、氟氯吡氧乙酸、氯噻啉、咪唑喹啉酸、咪草烟、咪唑乙烟酸、嗪草酮、嗪草酸、噻菌灵、噻菌铜、噻霉酮、噻嗪酮、噻森铜、噻唑锌、噻苯隆、三氯吡氧乙酸、十三吗啉、四螨嗪、烯丙苯噻唑、烯啶虫胺、烯禾啶、烯酰吗啉、异霉唑、呋喃虫酰肼、吡丙醚、高效氟吡甲禾灵、高效吡氟甲禾灵、啶菌噁唑、精吡氟禾草灵、精恶唑禾草灵、精氟吡甲禾灵、喹禾灵、精喹禾灵、喹啉铜、嘧霉胺、异噁草松。

c 其他酰胺类农药包括苯噻酰草胺、吡氟酰草胺、丙草胺、敌稗、毒草胺、克草胺、丁草胺、异丙草胺、异丙甲草胺。

d 其他氨基甲酸酯类农药包括残杀威、丁硫克百威、甲萘威、抗蚜威、硫双威、灭多威、双氧威、涕灭威、仲丁威、唑蚜威。

e 其他有机硫类农药包括丙森锌、代森锌、福美双、福美锌、代森联。

f 其他沙蚕毒素类农药包括杀虫单、杀虫环、杀螟丹、杀虫安。

g 其他磺酰脲类农药包括氯磺隆、甲磺隆、甲嘧磺隆、苯磺隆、苄嘧磺隆、吡嘧磺隆、单嘧磺隆、氯嘧磺隆、胺苯磺隆、烟嘧磺隆、醚磺隆、噻吩磺隆、醚苯磺隆、乙氧磺隆。

h 采用发酵工艺生产的其他类生物农药包括赤霉素、赤霉素 A4，A7、申嗪霉素、水合霉素、春雷霉素、多抗霉素、枯草芽孢杆菌、多黏类芽孢杆菌、金核霉素、长川霉素、武夷霉素、中生菌素等。

i 利用细菌或病毒饲养，然后将染毒活体或培养基粉碎制得产品，除少量清洗废水和生活污水外，没有其他污染物排放。此类农药有棉铃虫核型多角体病毒、草原毛虫核多角体病毒、茶尺蠖核多角体病毒、苜蓿斜纹夜蛾核多角体病毒、甜菜夜蛾核多角体病毒、油桐尺蠖核多角体病毒、斜纹夜蛾核多角体病毒、小菜蛾颗粒体病毒、黏虫颗粒体病毒、放射土壤杆菌、枯草芽孢杆菌、地衣芽孢杆菌、荧光假单胞杆菌、厚垣孢轮枝菌、块状耳霉菌、绿僵菌、球孢白僵菌、耳霉菌等。

j 利用植物种子、枝叶或花粉碎萃取，萃取液直接配制成产品，提取残余物可直接制成堆肥。此类农药有除虫菊素、烟碱、苦参剑、苦豆子碱、狼毒素、马钱子碱、印楝素、血根碱、藜芦碱、小檗碱、百部碱、鱼藤酮、葡聚糖、腐植酸钠、腐植酸铜、菇类蛋白多糖、琥胶肥酸铜、茴蒿素、蛇床子素等。

（2）废水

对排污单位外排 COD、氨氮以及受纳水体环境质量超标且列入 GB 8978—1996 和 GB 21523—2008 中的其他污染因子需申请许可排放量。单独排入城镇集中污水处理设施的生活污水无须申请许可排放量。对位于《"十三五"生态环境保护规划》及生态环境部正式发布的文件中规定的总磷、总氮总量控制区域内的农药制造工业排污单位，待农药工业水污染物排放标准发布并提出总磷、总氮的排放限值要求后，还应分别申请总磷及总氮年许可排放量。

①单独排放

排污单位生产单一产品时，应同时采用基于许可排放浓度和单位产品排放绩效两种方法核定许可排放量，从严确定许可排放量。

基于许可排放浓度的许可排放量核算方法如下：

$$E = S \times Q \times C \times 10^{-6} \qquad (3-7)$$

式中，E——某种水污染物最大年许可排放量，t/a；

S——排污单位产品近三年实际产量平均值，t/a；

Q——单位产品基准排水量，m^3/t 产品；

C——污染物许可排放浓度，mg/L。

未投运或投运不满一年的按产能计算；投运满一年但未满三年的，取该周期内年实际产量平均值计算；投运满三年，但实际产量波动较大的，可选取正常生产的一年实际产量计算；当实际产量平均值超过产能时，按合法产能计算。

杂环类农药执行 GB 21523—2008 的规定，其他类执行 GB 8978—1996 的规定，地方有更严格标准要求的按其规定，待农药工业水污染物排放标准发布后按其规定。无基准排水量的品种按单位产品的实际排水量确定，核算周期为三年，投运未满三年的按周期内单位产品的实际排水量计算；投运满三年，但实际产量波动较大时，可选取正常生产的一年内单位产品实际排水量计算。

基于单位产品排放绩效的许可排放量核算方法如下：

$$E = S \times \alpha \times 10^{-3} \qquad (3-8)$$

式中，E——某种水污染物最大年许可排放量，t/a；

S——排污单位产品近三年实际产量平均值，t/a；

α——单位产品污染物排放绩效值，kg/t 产品，按表 3-11 取值。

未投运或投运不满 年的按产能计算；投运满一年但未满三年的，取该周期内年实际产量平均值计算；投运满三年，但实际产量波动较大的，可选取正常生产的一年实际产量计算；当实际产量平均值超过产能时，按合法产能计算。

表 3-11 常见农药生产品种的排放绩效值

单位：kg/t 产品

类别		产品	COD		氨氮	
			直接排放	间接排放	直接排放	间接排放
有机磷类	草甘膦	甘氨酸法，不含三氯化磷和亚磷酸二甲酯的生产	6	24	0.9	1.8
		亚氨基二乙酸（IDA）法，不含双甘磷的生产	5	20	0.75	1.5
		辛硫磷	4.5	18	0.675	1.35
		毒死蜱	8	32	1.2	2.4
		丙溴磷	4	16	0.6	1.2
		乐果	8	32	1.2	2.4
		马拉硫磷	4.5	18	0.675	1.35
		二嗪磷	8	32	1.2	2.4
		草铵膦	13	52	1.95	3.9
		乙酰甲胺磷	13	52	1.95	3.9
		三唑磷	8	32	1.2	2.4
		异稻瘟净	15	60	2.25	4.5
		稻丰散	15	60	2.25	4.5
		敌敌畏	7	28	1.05	2.1
		敌百虫	5	20	0.75	1.5
		氧乐果	8	32	1.2	2.4
拟除虫菊酯类		氯氰菊酯	7	28	1.05	2.1
		氯氟氰菊酯	8	32	1.2	2.4
		烯丙菊酯	10	40	1.5	3
		氰戊菊酯	7	28	1.05	2.1
		甲氰菊酯	5	20	0.75	1.5

类别	产品		COD		氨氮	
			直接排放	间接排放	直接排放	间接排放
有机硫类	代森类	钠法	4	16	0.6	1.2
		氨法	7	28	1.05	2.1
	硝磺草酮类		7	28	1.05	2.1
	沙蚕毒素类		6.5	26	0.975	1.95
苯氧羧酸类	苯氧羧酸类		3.5	14	0.525	1.05
磺酰脲类	磺酰脲类（一步反应合成的品种）		2.5	10	0.375	0.75
酰胺类	酰胺类		1.5	6	0.225	0.45
有机氯类	百菌清		8	32	1.2	2.4
氨基甲酸酯类	灭多威（自合成灭多威肟）		1.5	6	0.225	0.45
	克百威（自合成呋喃酚）		0.6	2.4	0.09	0.18
	异丙威、仲丁威及其他氨基甲酸酯类		0.1	0.4	0.015	0.03
生物类	阿维菌素		80	200	15	30
	赤霉素		200	500	37.5	75
	井冈霉素	40%以上高含量粉剂	184	460	34.5	69
		水剂	8	20	1.5	3
	苏云金芽孢杆菌		0.64	1.6	0.12	0.24
杂环类	氟虫腈		20	80	3	6
	百草枯		2	8	0.3	0.6
	吡虫啉		15	60	2.25	4.5
	三唑酮		2	8	0.3	0.6
	多菌灵		12	48	1.8	3.6
	莠去津		2	8	0.3	0.6

注：①产品污染物排放绩效值仅适用于原药，暂未考虑制剂。
②根据结构与工艺的相似性，烟碱和部分甲氧基丙烯酸酯污染物排放绩效值可参照杂环类，脲类、苯甲酰脲、酞酰亚胺、二硝基苯胺和二甲酰脲污染物排放绩效值可参照酰胺类。

②混合排放

企业同时排放两种或两种以上工业废水时，应同时采用基于许可排放浓度和单位产品排放绩效这两种方法来核定许可排放量，并从严确定许可排放量。

基于许可排放浓度的许可排放量核算方法如下：

$$E = C \times \sum_{i}^{n} (S_i \times Q_i) \times 10^{-6} \qquad (3\text{-}9)$$

式中，E —— 某种水污染物年许可排放量，t/a；

C —— 水污染物许可排放浓度限值，mg/L；

S_i —— 排污单位 i 产品近三年实际产量平均值，t/a；

Q_i —— i 产品单位产品基准排水量，m^3/t 产品。

未投运或投运不满一年的，按产能计算；投运满一年但未满三年的，取该周期内年实际产量平均值计算；投运满三年，但实际产量波动较大的，可选取正常生产的一年实际产量计算；当实际产量平均值超过产能时，按合法产能计算。

杂环类农药执行 GB 21523—2008 的规定，其他类执行 GB 8978—1996 的规定，地方有更严格标准要求的按其规定，待农药工业水污染物排放标准发布后按其规定。无基准排水量的品种按单位产品的实际排水量确定，核算周期为三年，投运未满三年的按周期内单位产品的实际排水量计算；投运满三年，但实际产量波动较大的，可选取正常生产的一年内单位产品的实际排水量计算。

基于单位产品排放绩效的许可排放量核算方法如下：

$$E = \sum_{i}^{n} (\alpha_i \times S_i) \times 10^{-3} \qquad (3\text{-}10)$$

式中，E —— 某种水污染物年许可排放量，t/a；

α_i —— 排污单位 i 产品污染物排放绩效值，kg/t 产品，按表 3-11 取值；

S_i —— 排污单位 i 产品近三年实际产量平均值，t/a；

未投运或投运不满一年的，按产能计算；投运满一年但未满三年的，取该周期内年实际产量平均值计算；投运满三年，但实际产量波动较大的，可选取正常生产的一年实际产量计算；当实际产量平均值超过产能时，按合法产能计算。

3.4.2 实际排放量核算方法

排污单位还应核算废气污染物和废水污染物的实际排放量。实际排放量为正常情况和非正常情况的实际排放量之和。对于排污许可证中载明应当采用自动监测的排放口和污染因子，根据符合监测规范的有效自动监测数据采用实测法核算实际排放量；对于排污许可证中载明应当采用自动监测的排放口或污染因子而未采用的，按直排核算排放量。对于排污许可证未要求采用自动监测的排放口或污染因子，按照优先顺序依次选取自动监测数据、执法和手工监测数据核算实际排放量。若同一时段的手工监测数据与执法监测数据不一致，以执法监测数据为准。监测数据应符合国家有关环境监测、计量认证规定和技术规范。

1. 废气

（1）自动监测实测法

废气自动监测实测法是指根据符合监测规范的有效自动监测数据（污染物的小时平均排放浓度、平均排气量、运行时间）核算污染物年排放量，核算方法如下：

$$E_j = \sum_{i=1}^{T} (C_{i,j} \times Q_i) \times 10^{-9} \tag{3-11}$$

式中，E_j——核算时段内主要排放口 j 项污染物的实际排放量，t；

$C_{i,j}$——j 项污染物在第 i 小时的实测平均排放浓度，mg/m^3；

Q_i——j 项污染物第 i 小时的标准状态下平均干排气量，m^3/h；

T——核算时段内的污染物排放时间，h。

对于因自动监控设施发生故障以及其他情况导致数据缺失的情况，则按照《固定污染源烟气（SO_2、NO_x、颗粒物）排放连续监测技术规范》（HJ 75—2017）进行补遗。缺失时段超过 25% 的，自动监测数据不能作为核算实际排放量的依据，按直排核算排放量。排污单位提供充分证据证明在线数据缺失、数据异常等不是排污单位责任的，可按照排污单位提供的手工监测数据等核算实际排放量，或者按照上一个季度申报期间的稳定运行期间自动监测数据的小时浓度均值和季度平均排气量核算数据缺失时段的实际排放量。

（2）手工监测实测法

废气手工监测实测法是指根据每次手工监测时段内每小时污染物的平均排放浓度、平均排气量、运行时间核算污染物排放量，核算方法见式（3-13）。手工监测包括排污单位自行手工监测和执法监测，同一时段的手工监测数据与执法监测数据不一致的，以执法监测数据为准。

$$E_j = \sum_{i=1}^{n}(C_{i,j} \times Q_i \times h) \times 10^{-9} \tag{3-12}$$

式中，E_j —— 核算时段内主要排放口 j 项污染物的实际排放量，t；

$C_{i,j}$ —— j 项污染物在第 i 监测频次时段的实测平均排放浓度，mg/m^3；

Q_i —— 第 i 次监测频次时段的实测标准状态下平均干排气量，m^3/h；

h —— 第 i 次监测频次时段内的污染物排放时间，h；

n —— 核算时段内实际手工监测频次，次。

排污单位应将手工监测时段内的生产负荷与核算时段内的平均生产负荷进行对比，并给出对比结果。

2. 废水

（1）自动监测实测法

废水自动监测实测法是指根据符合监测规范的有效自动监测数据（污染物的日平均排放浓度、日平均流量、运行时间）核算污染物年排放量，核算方法如下：

$$E_j = \sum_{i=1}^{h}(C_{i,j} \times Q_i) \times 10^{-6} \tag{3-13}$$

式中，E_j —— 核算时段内主要排放口 j 项污染物的实际排放量，t；

$C_{i,j}$ —— j 项污染物在第 i 日的实测平均排放浓度，mg/L；

Q_i —— 第 i 日的平均流量，m^3/d；

h —— 核算时段内的污染物排放时间，d。

在自动监测数据由于某种原因出现中断或其他情况时，可根据《水污染源在线监测系统（COD_{Cr}、NH_3-N 等）数据有效性判别技术规范》（HJ 356—2019）进行补遗。要求采用自动监测的排放口或污染物项目而未采用的，按直排核算 COD、氨氮排放量。

（2）手工监测

无有效自动监测数据或某些污染物无自动监测时，可采用手工监测数据进行核算。手工监测数据包括核算时段内的所有执法监测数据和排污单位自行监测的有效手工监测数据，排污单位自行监测的手工监测频次、监测期间生产工况、数据有效性等需符合相关规范要求。手工监测核算方法如下：

$$E_j = \sum_{i=1}^{n} \left(C_{i,j} \times Q_i \times h \right) \times 10^{-6} \qquad (3\text{-}14)$$

式中，E_j —— 核算时段内主要排放口 j 项污染物的实际排放量，t；

$\quad\quad C_{i,j}$ —— 第 i 次监测频次时段内 j 项污染物实测平均排放浓度，mg/L；

$\quad\quad Q_i$ —— 第 i 次监测频次时段内采样当日的平均流量，m^3/h；

$\quad\quad h$ —— 第 i 次监测频次时段内污染物排放时间，d；

$\quad\quad n$ —— 核算时段内实际手工监测频次，次。

3.4.3　可行技术应用

1. 废气冷凝、吸收、吸附处理技术

案例 1：氯化氢、甲苯废气治理工艺与处理浓度

多级降膜水喷淋吸收加碱液吸收塔是国内目前用于治理氯化氢及其他酸性水溶性气体的有效、常用技术，在化工行业普遍推广。该技术利用三级聚丙烯降膜水喷淋吸收含氯化氢的废气，在降膜塔中使酸性气体与水膜充分结合，提高了吸收效率，降低了损耗，目前技术成熟、运行效果稳定，还可以回收酸。其原理为氯化氢的水溶性及酸碱中和反应，适用于处理各类浓度的废气，氯化氢一级降膜吸收处理效率可达 90%，二级降膜吸收处理效率可达 95%，三级降膜吸收处理效率可达 99%，最终可以得到 31%的盐酸。

对于甲苯的去除可采用活性炭吸附装置对含甲苯废气进行末端处理。活性炭对甲苯的吸附容量 $q = 0.79$ g/g，Freundlich 吸附常数 $K=5.32\times10^{-4}$/s，

吸附热 $\Delta G = -3.37\,\text{kJ/mol}$，其吸附效率保守估计取 85%。生产车间废气排放结果见表 3-12。废气处理前、后对比及处理效率见表 3-13。

表 3-12　生产车间废气监测结果

测点位置	监测日期	样品序号	排气量 m³/h	甲苯 mg/m³	甲苯 kg/h	氯化氢 mg/m³	氯化氢 kg/h	氯气 mg/m³	氯气 kg/h
废气处理前 Q1	2012.12.3	1	260	0.34	8.84×10^{-5}	12.6	328×10^{-3}	46.0	0.012 0
		2	278	0.63	1.75×10^{-4}	10.9	3.03×10^{-3}	42.7	0.011 9
		3	253	0.66	1.67×10^{-4}	13.6	3.44×10^{-3}	46.9	0.011 9
	2012.12.4	4	264	0.56	1.48×10^{-4}	10.9	2.88×10^{-3}	50.1	0.013 2
		5	256	4.66	1.19×10^{-3}	13.0	3.33×10^{-3}	55.2	0.014 1
		6	282	0.62	1.75×10^{-4}	11.1	3.13×10^{-3}	51.8	0.014 6
废气处理后 Q2	2012.12.3	1	260	ND	3.90×10^{-6}	ND	1.17×10^{-4}	ND	1.30×10^{-5}
		2	278	ND	4.17×10^{-6}	0.92	2.56×10^{-4}	ND	1.39×10^{-5}
		3	253	ND	3.80×10^{-6}	1.0	2.53×10^{-4}	ND	1.26×10^{-5}
	2012.12.4	4	264	ND	3.96×10^{-6}	1.8	4.75×10^{-4}	ND	1.32×10^{-5}
		5	256	ND	3.84×10^{-6}	ND	1.15×10^{-4}	ND	1.28×10^{-5}
		6	282	ND	4.23×10^{-6}	ND	1.27×10^{-4}	ND	1.41×10^{-5}
执行标准			—	40	11.6	100	0.92	65	0.52
达标情况			—	达标	达标	达标	达标	达标	达标

注：①未检出以"ND"表示；计算时以 1/2 检出限计。甲苯、氯气、氯化氢的检出限分别为 0.03 mg/m³、0.9 mg/m³、0.10 mg/m³。
②排气筒高度为 25 m。

表 3-13　废气处理前、后对比及处理效率

监测项目		甲苯	氯化氢	氯气
废气处理装置	处理前均值/（kg/h）	3.24×10^{-4}	3.18×10^{-3}	1.29×10^{-2}
	处理后均值/（kg/h）	3.98×10^{-6}	2.24×10^{-4}	1.33×10^{-5}
	处理效率/%	98.8	93.0	99.9

案例 2：草甘膦车间废气治理工艺

草甘膦酯化车间、合成车间、精制车间的废气改造措施分别见表 3-14～表 3-16。

表 3-14 草甘膦酯化车间废气改造措施

工艺阶段	设备	位置	数量/台	主要废气污染物	收集管线/mm	主要处理工艺		改造措施
酯化工段	酯化釜	二楼	2	氯化氢、氯甲烷	300	两级盐冷	缓冲罐+进盐酸回收工段	保持现状
	一次脱酸釜	二楼	2	氯化氢、氯甲烷		两级盐冷		保持现状
	二次脱酸釜	二楼	2	氯化氢、氯甲烷		一级盐冷		保持现状
	三氯化磷高位槽	二楼	4	三氯化磷	50	平衡管接入储罐		保持现状
	甲醇高位槽	二楼	4	甲醇	50	平衡管接入储罐		保持现状
精馏工段	蒸馏釜	一楼	2	亚磷酸一甲酯、亚磷酸二甲酯等	—	一级水冷+一级盐冷后进真空泵		见真空泵
	精馏釜	一楼	2	亚磷酸一甲酯、亚磷酸二甲酯等	—	一级水冷+一级盐冷后进真空泵		见真空泵
	割焦釜	一楼	1	亚磷酸一甲酯、亚磷酸二甲酯等	—	一级水冷+一级盐冷后进真空泵		见真空泵
	割焦残液罐	车间外北侧	1	亚磷酸一甲酯、亚磷酸二甲酯等	50	直接放空		保持现状
	机械真空泵	东侧小房间	2+4	亚磷酸一甲酯、亚磷酸二甲酯等	80-200-350	一级常温水冷却+一级冷冻盐水冷凝后排放		出口尾气增加一级常温水冷却+一级冷冻盐水冷凝后排放

工艺阶段	设备	位置	数量/台	主要废气污染物	收集管线/mm	主要处理工艺	改造措施
盐酸回收工段	氯化氢回收装置（2 套）	三、四楼				一级盐冷降膜吸收（DN 300）+二级水冷降膜吸收+一级碱洗（两个并联）+一级冷冻+四级真空系统	保持现状
氯甲烷回收工段	氯甲烷水洗塔	—	1	—	—	密闭系统	
	氯甲烷碱洗塔	—	1	—	—	密闭系统	
	氯甲烷干燥塔	—	1	—	—	密闭系统	
	压缩机组	—	3	—	—	—	
	除沫防爆釜	—	1	—	—	—	
	精馏釜	—	1	—	40～350	三级冷冻后，有少量氯甲烷不凝气无组织排放，接入楼顶 30 m 排气筒 DN 350	保持现状
车间外储罐	三氯化磷储罐	车间外北侧	2	—	50	一级碱吸收+8 m 排放	保持现状
	甲醇储罐	车间外北侧	1	—	—	接入合成车间	保持现状
	盐酸回收罐	车间外北侧	2	—	80	一级碱吸收+8 m 排放（有其他厂区盐酸尾气接入）	保持现状
	亚磷酸二甲酯中转罐	车间外北侧	2	亚磷酸二甲酯	—	无组织排放	保持现状

表 3-15 草甘膦合成车间废气改造措施

工艺阶段	设备	位置	数量/台	主要废气污染物	收集管线/mm	主要处理工艺
合成	合成釜	一楼东侧	4	甲醇、三乙胺、亚磷酸二甲酯	80～100	两级水洗
				多聚甲醛、甘氨酸	250 吸罩	风机+水洗塔+塔顶（DN 400）15 m 排放

工艺阶段	设备	位置	数量/台	主要废气污染物	收集管线/mm	主要处理工艺	
水解	水解釜	二楼	2	氯化氢、氯甲烷、甲醇、甲缩醛	100	四级盐冷	合并接入二甲酯车间氯甲烷回收工段
一次脱溶	一次脱溶釜	二楼	2	氯化氢、氯甲烷、甲醇、甲缩醛	350	多级盐冷	
二次脱溶	二次脱溶釜	二楼	2	氯甲烷、甲醇、甲缩醛	350		
三次脱溶	三次脱溶釜	二楼	2	氯甲烷、甲醇、甲缩醛	150		
四次脱溶	四次脱溶釜	一楼	2	氯甲烷、甲醇、甲缩醛	150		
前溶剂中和	前溶剂中和釜	二楼	2	氯甲烷、甲醇、甲缩醛	120		
后溶剂中和	后溶剂中和釜	二楼	2	氯甲烷、甲醇、甲缩醛	50		
水剂配制	水剂配制釜	二楼	2	异丙醇、氨气	—	直接放空	
	异丙醇高位槽	二楼	1	异丙醇	32~50	合并后经水封楼顶15 m排放	
	氨水高位槽	二楼	1	氨气	32~50		
离心母液中和	离心母液中和釜	二楼	1	三乙胺	32	接入三乙胺精馏塔尾冷设备	
母液调pH	母液调pH釜	二楼	2	三乙胺	32	接入三乙胺精馏塔尾冷设备	
浓缩	浓缩釜	二楼西南	3	主要为水蒸气	—	进蒸汽系统	
离心	除盐密闭离心机	车间西南侧小房间	2	主要为水蒸气	100~250	15 m排空	
离心	沉降密闭离心机+母液槽	车间外西北侧	1	主要为水蒸气	—	无组织排放	
甲缩醛精馏	甲缩醛精馏塔	三楼北侧	2	甲缩醛、甲醇	40	两级水冷+一级盐冷后15 m排空	
	甲缩醛接收罐、中间罐、储罐	—	—	甲缩醛等	—	同上	

工艺阶段	设备	位置	数量/台	主要废气污染物	收集管线/mm	主要处理工艺
甲醇精馏	甲醇精馏塔	三楼北侧	1+1（备）	甲缩醛、甲醇	40	同上
	甲醇高位槽、接收罐、中间罐、储罐	—	—	甲醇等	—	同上
三乙胺精馏	三乙胺精馏塔	三楼北侧	1	三乙胺	40	一级水冷+一级盐冷后 15 m 排空
	三乙胺高位槽、接收罐、分层槽、干燥器、精品接收罐	—	—	三乙胺等	—	接入三乙胺精馏塔尾冷设备

表 3-16　草甘膦精制车间废气改造措施

工艺阶段	设备	位置	数量/台	主要废气污染物	收集管线/mm	主要处理工艺
后脱溶	后脱溶釜	二楼	32	氯甲烷、甲醇、甲缩醛	150	两级水冷+一级盐冷（3套），合并接入二甲酯车间氯甲烷回收工段
离心	密闭离心机	一楼	14	氯甲烷、甲醇、甲缩醛	80～300	两级水洗后接入高空排放
	母液地槽	一楼	2	氯甲烷、甲醇、甲缩醛	3×5	无组织排放
干燥	拟建流化床干燥机	—	1	粉尘	—	—

案例 3：乙基氯化物车间废气治理工艺

乙基氯化物车间废气改造措施见表 3-17。

表 3-17 乙基氯化物车间废气改造措施

工艺阶段	设备	位置	数量/台	主要废气污染物	收集管线/mm	主要处理工艺	改造措施
酯化	投料	二	4	五硫化二磷、硫化氢	150/300	集气罩700×1 000→6#风机→厂总管DN 800	对现有投料方式进行技术改进，改用物料输送阀，减少投料过程尾气排放
	酯化釜	二	4	硫化氢、乙醇、硫化料	80	一级循环水冷凝→硫化氢吸收装置A	保持现状
	尾气吸收A	二	2	硫化氢、乙醇、硫化料	65×2	三级碱吸收罐（鼓泡吸收）→水冲泵	保持现状
	水冲泵	三外	4	硫化氢、乙醇、硫化料	250×2/300	接入尾气吸收B	将现有两级降膜吸收更改为填料塔碱吸收
	尾气吸收B	一北	1	硫化氢、乙醇、硫化料	300	二级（降膜+填料）塔碱吸收→6#风机→厂总管DN 800	对现有收集系统进行改造，提高废气收集效果
氯化	氯化釜	四	6	氯、氯化氢、硫化氢	80	接入尾气吸收C	保持现状
	尾气吸收C	二外	3	氯化氢、硫化氢	80	一级鼓泡+二级降膜水吸收→水冲泵	保持现状
	水冲泵	三外	3	氯、氯化氢、硫化氢	80	接入尾气吸收D	将现有两级降膜吸收更改为填料塔碱吸收
	尾气吸收D	一北	1	氯化氢、氯气	80/300	二级降膜水吸收→6#风机→厂总管DN 800	对现有收集系统进行改造，提高废气收集效果
	硫化物计量罐	四	3	硫化氢	—	接入酯化真空系统，经酯化水冲泵	保持现状

工艺阶段	设备	位置	数量/台	主要废气污染物	收集管线/mm	主要处理工艺	改造措施
氯化	中间罐（高温结晶）	三	3	氯化氢、氯气	100	真空尾气，接入水冲泵	保持现状
	中间罐（低温结晶）	二	3	氯化氢、氯气	100	真空尾气，接入水冲泵	保持现状
	水冲泵	二外东北	6	氯化氢、氯气	100	接入尾气吸收 D	将现有两级降膜吸收更改为填料塔碱吸收
离心	离心机立式/卧式各一	一	2	氯化氢、硫化氢	100/150	经风机，接入尾气吸收 D	对现有收集系统进行改造，提高废气收集效果
	母液罐	一	2	氯化氢、硫化物	50	接入氯化东北角6台水冲泵	保持现状
	滤渣包装	一	1	氯化氢、硫黄	—	无组织 500×800 吸罩收集，经风机至屋顶排放	保持现状
蒸馏	蒸馏釜及塔	二	2	氯化氢、硫化物	80	蒸馏真空泵系统（罗茨泵+立式泵）	保持现状
	罗茨+立式泵组	一	3	氯化氢、硫化物	80	接入尾气吸收 E	保持现状
	尾气吸收 E	二外	1	氯化氢、硫化物	80	一级鼓泡+二级降膜水吸收→水冲泵	保持现状
	水冲泵	三外	1	氯化氢、硫化物	80	接入尾气吸收 D	将现有两级降膜吸收更改为填料塔碱吸收
	残液离心机/立式	一	1	氯化氢、硫化物	100/150	经风机，接入尾气吸收 D	对现有收集系统进行改造，提高废气收集效果
	残液母液罐	一	1	氯化氢、硫化物	50	接入氯化水冲泵	保持现状

2. 废气 RTO 处理技术

案例 1：40 000 m³/h RTO 尾气焚烧项目

（1）工程概况

某企业项目尾气末端治理采用蓄热氧化（RTO）技术，RTO 处理项目与生产主体工程同时设计、同时施工、同时投入运行。

一期项目建设了 2 套 RTO 废气焚烧系统，总投资约 1 200 万元，一套为进口 RTO 系统，另一套为国产 RTO 系统，采用"一开一备"的运行模式。两套 RTO 系统的设计处理能力均为 40 000 m³/h，正常运行的是进口 RTO 系统，至调查时，该企业的 RTO 废气处理系统已稳定运行两年多，在气味控制和污染物减排方面发挥了良好作用。

（2）工艺流程

该企业车间排放的有机废气由各支路风机输送至废气总管，经一级水封处理后，由一次风机送入前吸收塔吸收净化气体中的酸性污染物，净化后的气体经脱水除雾后送入蓄热室高温氧化炉，先经蓄热室预热后再进入氧化室，加热至 800℃以上进行氧化。该企业的两套 RTO 系统均为三厢式，既确保了蓄热效率，又降低了能耗。燃烧后的尾气经蓄热后经过急冷塔，避免了低温段二噁英的产生，再经过一级碱喷淋吸收后进入烟囱高空排放。RTO 处理流程如图 3-1 所示。

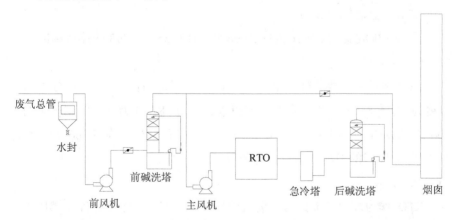

图 3-1　RTO 处理流程

（3）设计参数和技术指标

设计参数及技术指标见表 3-18。

表 3-18 设计参数及技术指标

名称	参数
蓄热温度	上：400～700℃；中：200～400℃；下：50～200℃
氧化温度	800～850℃
进气温度	40℃
排气温度	40～60℃
废气停留时间	＞2 秒
天然气压力	0.03～0.06 MPa
热氧化室温度	≥800℃
高温烟气滞留时间	≥1 秒
氧化分解效率	≥99%
主体设备外壁温升	≤50℃

（4）运行效果

运行效果如下：

①VOCs 去除率＞99%；

②甲苯、二甲苯去除率＞99%；

③NO_x 去除率＞95%；

④尾气排放低于 GB 16297—1996 和 GB 14554—1993 的排放标准。

（5）运行成本

RTO 项目的主要能耗是电耗和柴油。在实际运行过程中，RTO 的氧化温度为 800～850℃，电耗和柴油年投入资金为 187.44 万元，年用电量约为 104 132 kW·h，年消耗柴油 132 t，平均每天的能耗成本为 5 206 元，每处理 1 万 m^3 废气的能耗成本折合为 86.7 元。

（6）总结

RTO 作为高效节能的有机废气治理技术，与热力燃烧及催化燃烧等工艺相比具有热效率高，运行可靠，能处理中、高浓度废气等特点。其处理风量通常在 1 000～100 000 m^3/h，处理能力范围较大。加热介质主要为柴油和天然气，具有净化效率高、安全性能好、运行维护费用低等优点。

RTO 作为技术成熟的成套控制装置，操作使用的自动化程度较高，设备的故障率较低，但因处理的是有机废气，尤其是在浓度波动的情况下应重视其安全稳定性。注意事项如下：

①安全可编程控制器（PLC）联锁是 RTO 安全运行的灵魂，任何情况下严禁解除，同时还要做好安全 PLC 联锁的定期校验。

②精细化工因收发料、间歇性精馏等单元操作，易造成总管废气浓度的不稳定，由此造成的 RTO 温度波动属于正常现象，但需了解浓度变化的周期性，及时对车间支管和废气总管检测废气浓度，不超过 RTO 进气浓度限制。

③RTO 的有机废气处理效率较高，但对于无机废气的处理效率相对较低，因此还需要在接入 RTO 前对无机废气进行车间预处理，以防无机氨进入与酸性物质氧化焚烧成铵盐导致蓄热室填料堵结。

④RTO 项目的能耗主要集中在电耗和燃料耗。在精细化工生产过程中，各车间的开停需及时调节车间风机的送风量和 RTO 风机的引风量，及时调节变频有利于电耗的降低。夏季和冬季因环境温度差异的影响，有机废气冷凝和挥发的效果季节性差异较大，因此通过对风机频率的调节可获得适量的稀释新风，充分利用废气氧化自身的热量让 RTO 处于自燃状态，减少燃料的耗用。

案例 2：34 000 m³/h RTO 尾气焚烧项目

（1）工程概况

某化工有限公司 RTO 尾气处理项目于 2016 年 8 月投入运行，设计的最大处理尾气量为 34 000 m³/h，主要处理废水装置水解酸化池尾气、好氧生化池尾气、污泥烘干恶臭尾气、污泥烘干压滤厂房收集尾气及厌氧塔尾气，采用三床式高温焚烧处理，焚烧后的尾气采用冷却喷淋吸收处理，运行效果良好，处理后的尾气远低于国家排放标准。

（2）工艺流程

将来自水解酸化池尾气、好氧生化池尾气、厌氧塔尾气以及污泥烘干压滤厂房收集尾气送入混合室混合，由主风机提供动力送入 RTO 燃烧室焚烧处理，

RTO 燃烧室采用三床式设计，系统根据设定值自动切换各室燃烧、蓄热时间，高温焚烧后尾气经冷却喷淋吸收后高空排放。工艺流程如图 3-2 所示。

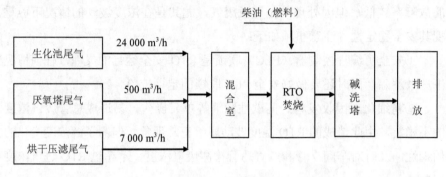

图 3-2　工艺流程

（3）设计参数和技术指标

设计参数及技术指标见表 3-19。

表 3-19　设计参数及技术指标

名称	参数
最大处理风量	34 000 m³/h
燃烧室温度	800～850℃
蓄热室温度	550～650℃
尾气排放温度	≤60℃

（4）运行效果

运行效果如下：

①VOCs 去除率＞99%；

②尾气排放低于 GB 16297—1996 和 GB 14554—1993 的排放标准。

（5）副产/二次污染

副产为热水，可用于公司锅炉补水。喷淋吸收液中有盐富集，需定期更换吸收液，排出液进入生化池处理。

（6）投资成本

RTO 项目投资成本为 680 万元。运行成本由各机泵电费、柴油燃料费用组成，约为 80 万元/年。

（7）总结

RTO 尾气处理装置系统自动化程度高，正常运行时无须人员操作，经过一年的运行使用，处理后的尾气稳定达标排放。一方面，RTO 装置解决了生化尾气恶臭问题，消除了生化尾气气味对厂区周围环境的影响，且处理后尾气中的非甲烷总烃含量远远低于国家排放标准。另一方面，RTO 采用高效蓄热陶瓷填料，热回收效率＞90%，极大地减少了燃料消耗。此外，还应注意要对 RTO 装置进气组成进行分析，根据气体组成选择相应材质，做好设备防腐工作。

3. 废水树脂吸附技术

案例 1：某化工有限公司采用树脂吸附法处理含苯酚的生产废水

（1）工程概况

某化工有限公司树脂吸附装置建设于 2017 年 3 月 10 日，主要生产杀虫剂原药及剂型、杀菌剂原药及剂型、除草剂原药及剂型。企业树脂装置可以回收废水中的高含量苯酚，并进行脱色以及降 COD，挥发酚最低可以降至 0.5 ppm（parts per million 的缩写，表示 10^{-6}）。

（2）设计参数和技术指标

原水 pH=2，苯酚含量为 1.5%，含盐量 4%～7%。

（3）运行效果

稳定运行至 10 ppm 以下。

（4）副产/二次污染

苯酚回收至车间使用，增加洗涤水约 10%，废水处理后进入后续生化系统进一步处理，保证了废水处理的稳定性。

（5）投资成本

投资成本为 450 万元。

案例 2：某农药化工企业采用树脂吸附法处理含 2,4-D 酸的生产废水

（1）工程概况

某农药化工企业树脂装置建设于 2017 年 11 月 10 日，主要用于回收废水中的 2,4-D 酸，并进行脱色以及降 COD。含 2,4-D 酸约为 7 000 ppm 的原

水经过树脂吸附装置后可以降低至 0.3 ppm。日处理废水量约为 300 t。

（2）设计参数和技术指标

原水 pH=1，2,4-D 酸含量 0.7%，含盐量 3%左右。

（3）运行效果

稳定运行至 0.5 ppm 以下。

（4）副产/二次污染

2,4-D 酸回收至车间使用，增加洗涤水约 8%，废水处理后进入后续生化系统进一步处理，保证了废水处理的稳定性。

（5）投资成本

投资成本为 550 万元。

案例 3：某农药化工企业采用树脂吸附法处理有机酸生产废水

（1）工程概况

某农药化工企业树脂装置建设于 2017 年 6 月 15 日，主要去除有机酸水中的有机物，并进行脱色以及降 COD，原有机酸废水中的 COD 含量为 17 000 ppm，经处理后可以降低至 100 ppm。解析液采用碱再生，蒸馏后固液分离，做到零排放，蒸馏水回解析区再利用，固体废物外排。技术特点为采用国内最先进的全移动吸附技术，效率高；全套自动运行，每小时切换一次。至调查时已稳定运行约 3 个月。

（2）设计参数和技术指标

原水 pH=1，硫酸含量 55%。

（3）运行效果

稳定运行至 150 ppm 以下。

（4）副产/二次污染

酸回收至车间循环使用，增加洗涤水约 3%，无外排水，每天产生固体废物 0.42 t。

（5）投资成本

投资成本为 480 万元。

4. 草甘膦废水治理技术

近几年，草甘膦生产企业的扩产与新建已使草甘膦的产量达到了近 30

万 t/a，草甘膦也成为最大吨位的农药。其主流生产工艺为 IDA 法。草甘膦废水治理的难点如下：①废水中含有高浓度有机磷化合物，具有生物毒性；②含有 2% 的甲醛，成为生物抑制剂；③中间体二乙醇胺或亚氨基二乙腈及其衍生物属不易生物降解类；④废水中含有 18%～22% 的氯化钠。

现有草甘膦生产企业主要通过两种路线处理生产废水：①湿式氧化+汽提脱氨+冷冻结晶+化学除磷+生化；②焚烧。这两种路线都会产生磷，经过精制后可作为副产出售。

在第一种路线中通过湿式氧化技术可以使有机磷分解成无机磷并沉淀，同时去除废水中的甲醛和有机胺；通过 A2/O 生化工艺处理综合废水。处理结果见表 3-20。

表 3-20　草甘膦/双甘膦混合母液湿式氧化处理效果

项目	氧化前浓度/（mg/L）	氧化后浓度/（mg/L）	去除率/%
COD	34 000	3 000	91.2
有机磷	7 700	＜100	＞98
氨氮	—	≈3 300	—

上述草甘膦/双甘膦混合母液经湿式氧化技术预处理后，COD 去除率＞91%，有机磷去除率＞98%，废水中的甲醛、草甘膦和双甘膦等污染物可以氧化分解为醇、酸等小分子化合物，废水可生化性显著提高。

经湿式氧化技术处理后的废水含有大量的氨氮及磷酸盐，可以采用冷冻结晶和加化学药剂的除磷方式、汽提法脱氨方式进行处理。处理效果见表 3-21 和表 3-22。

表 3-21　汽提脱氨处理效果

项目	氨氮浓度/（mg/L）	去除率/%
汽提脱氨进水	3 300	—
汽提脱氨出水	＜165	≥95

表 3-22　除磷效果

项目	磷酸盐浓度（以 P 计）/（mg/L）	去除率/%
进水	7 700	—
出水	<20	≥99.7

预处理后的废水经与其他低浓度废水混合后具有可生化性，生化处理的 COD 去除率>80%。

5. 毒死蜱废水处理技术

毒死蜱由乙基氯化物和三氯吡啶醇缩合产生。废水的主要成分是有机磷、反应过程的原料、副产物和无机盐等。废水中含有的大量杂环类化合物是有机磷农药废水中长期难以解决的问题。

（1）水质分析

毒死蜱水质分析见表 3-23。

表 3-23　毒死蜱水质分析

废水名称	水量/（t/d）	pH	COD 浓度/（mg/L）	总磷浓度/（mg/L）	备注
碱解水	110	12.5	14 400	—	废水中含吡啶类化合物，无法生化降解
合成水	130	9.1	1 360	130	有机磷废水

（2）治理工艺

由于上述两种废水中的 COD 浓度较高，均含有难以生物降解的物质，可以按产生量比例混合后进行催化湿式氧化+生化组合治理。湿式氧化温度在 240～260℃，采用空气或富氧空气氧化。

（3）处理效果

预处理效果见表 3-24。

表 3-24　预处理效果

处理工艺	处理前浓度/（mg/L）		处理后浓度/（mg/L）		COD 去除率/%	总磷转化率/%
	COD	总磷	COD	磷酸盐（以 P 计）		
湿式氧化	13 800	850	6 800	850	50.7	100

催化湿式氧化处理后的脱色率＞99%，经除磷后，该废水中 BOD_5/COD 浓度比可达 0.5 以上，具有很好的生化可行性，可并入生化系统处理达标后排放。

6. 多菌灵废水处理技术

多菌灵废水经生化处理试验证明属不易生物降解类。

（1）水质情况

水质分析见表 3-25。

表 3-25　水质分析

COD/（mg/L）	色度/倍	多菌灵浓度/（mg/L）	氨氮浓度/（mg/L）	pH
46 700	3 000	2 800	7 700	5～6

（2）治理工艺

采用汽提工艺去除并回收废水中的氨氮，采用络合萃取工艺去除其中的多菌灵及异构体。萃取回收相以络合物的形式存在。经药效实验证明具有药物活性，基本无药害。络合物无法利用时，需采用焚烧工艺处理。

采用湿式氧化工艺使废水中的多菌灵及邻苯二胺发生分解，同时产生了氨氮，与废水中原有的氨氮经汽提脱氨后，废水生化可行性提高，可进入综合废水处理装置中进行处理。

（3）处理效果

预处理效果见表 3-26。

表 3-26　预处理效果

处理工艺	测定项目	处理前	处理后	去除率/%
汽提脱氨+络合萃取	COD 浓度/（mg/L）	46 700	12 076	74
	色度/倍	3 000	100	95
	多菌灵浓度/（mg/L）	2 800	未检出	100
	氨氮浓度/（mg/L）	7 700	150	97
湿式氧化+汽提脱氨	COD 浓度/（mg/L）	46 700	14 200	70
	多菌灵浓度/（mg/L）	2 800	未检出	100
	氨氮浓度/（mg/L）	7 700	100	98

预处理后的废水具有可生物降解性，经生化处理后可以达到污水排放标准。

7. 吡虫啉（IMD）废水治理技术

吡虫啉合成总收率为 28%，许多原料和中间体都以"三废"的形式排放。

（1）氯甲基吡啶（PMC）废水一级处理

PMC 废水中含有 10%的 N,N-二甲基甲酰胺（DMF），COD 浓度含量为 180 000 mg/L。该技术采用精馏工艺回收 DMF（DMF 含量为 95.5%），蒸出液进行生化处理。预处理效果见表 3-27。

表 3-27　预处理效果

废水名称	COD 浓度/（mg/L）	BOD_5 浓度/（mg/L）	BOD_5 浓度/COD 浓度	氨氮浓度/（mg/L）	pH
DMF 废水蒸出液	25 000	9 300	0.4	520	6

预处理的 COD 去除率为 86%。试验表明，该蒸出液具有可生化性。

（2）IMD、5-降冰片烯-2-醛（NC）废水处理

通过对各种物化处理技术的经济比较，最适宜的处理方法是焚烧。处理工艺为将废水通过三效蒸发浓缩，蒸出液体积约占原废水体积的 70%，为低沸点化合物，将蒸出液进行生化处理，釜残液进行焚烧处理。预处理效果见表 3-28。

表 3-28　预处理效果

废水名称	COD 浓度/（mg/L）	BOD_5 浓度/（mg/L）	BOD_5 浓度/COD 浓度	总磷浓度/（mg/L）	pH
蒸发浓缩出水	14 000	5 600	0.4	15	6

蒸出液生化处理试验结果见表 3-29。

表 3-29　蒸出液生化处理试验结果

测定项目	处理前	处理后	去除率/%
COD 浓度/（mg/L）	900～1 000	≤100	≥90
总磷浓度/（mg/L）	—	≤0.5	≥75
氨氮浓度/（mg/L）	65	≤15	—

（3）2-氰乙基-5-降冰片烯-2-醛（CNC）废水一级治理

CNC 废水含有许多大分子聚合物，可采用絮凝工艺预处理。预处理效果见表 3-30。

表 3-30　预处理效果

废水名称	处理前 COD 浓度/（mg/L）	处理后 COD 浓度/（mg/L）	COD 去除率/%
CNC 工段废水	36 720	22 000	40

试验证明，该废水经絮凝处理后具有较好的生化可行性。

高浓度工艺废水经预处理后，COD 总去除率为 83%。

3.4.4　自行监测方案编写

1. 废气

应按照有组织废气和无组织废气排放的监测要求分别制定自行监测方案。结合农药制造工业排污单位的污染源管控重点，规定农药企业自行监测要求。

有组织废气监测指标按照 GB 16297—1996、GB 14554—1993、GB 13271—2014 和 GB 18484—2020 的规定，对 8 类排放口进行指标规定。采用单独方式排放的，应在烟道上设置监测点位；采用混合方式排放的，应在废气汇合后的混合烟道上设置监测点位，监测频次从严。点位设置应满足《固定污染源排气中颗粒物测定与气态污染物采样方法》（GB/T 16157—1996）、HJ 75—2017 等技术规范的要求。废气监测平台、监测断面和监测孔的设置应符合 HJ 75—2017、《固定源废气监测技术规范》（HJ/T 397—2007）等的要求。根据《关于加强京津冀高架源污染物自动监控有关问题的通知》中的相关内容，京津冀地区及传输通道城市排放烟囱超过 45 m 的高架源应安装污染源自动监控设备。排污单位有组织废气排放监测点位、项目及最低监测频次见表 3-31。

表 3-31 农药制造工业排污单位有组织废气排放监测点位、项目及最低监测频次

监测点位		监测项目	监测频次	备注
工艺废气排气筒	燃烧法废气处理设施排气筒	SO_2、NO_x、PM	自动监测	—
		二噁英类	年	
	非燃烧法废气处理设施排气筒	SO_2[a]、NO_x[a]、PM	自动监测	
	燃烧法和非燃烧法废气处理设施排气筒	VOCs[b]	月	
		特征污染物[c]	半年	根据许可的污染物种类确定具体监测项目
发酵废气排气筒	燃烧法废气处理设施排气筒	SO_2、NO_x、PM	自动监测	—
		二噁英类	年	
	非燃烧法废气处理设施排气筒	SO_2[a]、NO_x[a]、PM	自动监测	
	燃烧法和非燃烧法废气处理设施排气筒	VOCs	月	
		臭气浓度	半年	
		特征污染物	半年	根据许可的污染物种类确定具体监测项目
危险废物焚烧炉烟囱		烟尘、SO_2、NO_x	自动监测	—
		烟气黑度，一氧化碳，氯化氢，氟化氢，汞及其化合物，镉及其化合物，砷、镍及其化合物，铅及其化合物，铬、锡、锑、铜、锰及其化合物，炉膛温度	月	—
		二噁英类	年	—
制剂加工废气排气筒		PM、VOCs	季度	—
罐区废气排气筒		VOCs	季度	—
		特征污染物	年	根据许可的污染物种类确定具体监测项目
废水处理站废气排气筒		VOCs	季度	—
		臭气浓度	年	—
		特征污染物	年	根据许可的污染物种类确定具体监测项目
危险废物暂存废气排气筒		VOCs	季度	—
		臭气浓度	年	—
		特征污染物	年	根据许可的污染物种类确定具体监测项目

监测点位	监测项目	监测频次	备注

a 排放 SO$_2$ 的生产工艺需增加 SO$_2$ 项目，排放 NO$_x$ 的生产工艺需增加 NO$_x$ 项目。

b 本标准使用非甲烷总烃作为排气筒 VOCs 排放的综合控制指标。

c 见 GB 16297—1996、GB 39727—2020 所列污染物，属 GB 14554—1993 所列恶臭项目执行许可排放速率。地方排放标准中有严格要求的，从其规定。

注：①设区的市级及以上生态环境主管部门明确要求安装自动监测设备的污染物项目，须采取自动监测；若不同类型废气混合排放，监测指标需涵盖全部污染物项目，监测频次从严。

②排气筒废气监测时同步监测烟气参数。

③未发布国家污染物监测方法标准的污染物监测项目，待国家监测方法标准发布后实施。

工艺废气共 6 项：SO$_2$、NO$_x$、PM、VOCs、特征污染物、二噁英类。发酵废气共 7 项：SO$_2$、NO$_x$、PM、臭气浓度、VOCs、特征污染物、二噁英类。供热系统烟气共 4 项：SO$_2$、NO$_x$、PM、汞及其化合物。危险废物焚烧炉烟气共 14 项：烟气黑度，烟尘，SO$_2$，NO$_x$，炉膛温度，一氧化碳，氯化氢，氟化物，汞及其化合物，镉及其化合物，砷、镍及其化合物，铅及其化合物，铬、锡、锑、铜、锰及其化合物，二噁英类。制剂加工废气共 2 项：PM、VOCs。罐区废气共 2 项：VOCs、特征污染物。废水处理站废气共 3 项：VOCs、臭气浓度、特征污染物。危险废物暂存废气共 3 项：VOCs、臭气浓度、特征污染物。

按照《排污单位自行监测技术指南 农药制造工业》（HJ 987—2018）中的要求，给出了各类排放口各污染物的监测频次。

GB 14554—1993、GB 16297—1996、GB 39727—2020 及《大气污染物无组织排放监测技术导则》（HJ/T 55—2000）规定厂界监控点的无组织监测指标包括 PM、VOCs、臭气浓度、特征污染物 4 项；还规定厂界污染物每半年至少开展一次监测，其中特征污染物见 GB 16297—1996、GB 39727—2020、GB 14554—1993 中所列污染物，根据环境影响评价文件及其批复等相关环境管理规定，确定具体的监测指标。地方排放标准中有要求的，从严规定。排污单位无组织废气排放监测点位及最低监测频次按表 3-32 执行。

表 3-32　农药制造工业排污单位无组织排放监测点位、项目及最低监测频次

监测点位	监测项目	监测频次	备注
厂界	PM、VOCs[a]、臭气浓度、特征污染物[b]	半年	根据许可的污染物种类确定具体监测项目

[a] GB 862—2017 使用非甲烷总烃作为厂界 VOCs 排放的综合控制指标。
[b] 见 GB 16297—1996、GB 39727—2020、GB 14554—1993 中所列污染物，根据环境影响评价文件及其批复等相关环境管理规定，确定具体的监测指标。地方排放标准中有严格要求的，从其规定。

2. 废水

按照排放标准规定设置废水外排口监测点位。排放标准规定的监测点位为车间或生产设施排放口的污染物，应按要求在相应的废水排放口采样。排放标准中规定的监测点位为排污单位外排口的污染物，废水直接排放的，在排污单位的外排口采样；废水间接排放的，在排污单位的废水处理设施排放口后、进入集中污水处理设施前的排污单位法定边界的位置采样。

本标准按照《排污单位自行监测技术指南　总则》（HJ 819—2017）中的要求，按重点管理排污单位及简化管理排污单位分别给出监测指标及监测频次。农药制造工业排污单位废水排放监测项目及最低监测频次按表 3-33 执行。

表 3-33　农药制造工业排污单位废水排放口监测项目及最低监测频次

排污单位级别	监测点位	监测项目	监测频次		备注
			直接排放	间接排放	
重点排污单位	废水总排放口	pH、COD、氨氮、流量	自动监测		根据许可的污染物种类确定具体监测项目
		悬浮物、石油类、色度	日	月	
		BOD₅	月	季度	
		磷酸盐（以 P 计）（总磷）	月（自动监测[a]）		
		挥发酚、总氰化物、氯苯、硝基苯类、苯胺类、苯、甲苯、二甲苯、乙苯、甲醛、总锌、五氯酚及五氯酚钠（以五氯酚计）、乐果、2-氯-5-氯甲基吡啶、咪唑烷、吡虫啉、三唑酮、对氯苯酚、多菌灵、邻苯二胺、吡啶、百草枯离子、2,2′:6′,2″-三联吡啶、有机磷农药（以 P 计）、马拉硫磷	月	季度	
		TOC、氟化物、硫化物、可吸附有机卤化物（AOX）、总锰、动植物油	季度	半年	
	车间或生产设施排放口	总汞、烷基汞、总镉、总铬、六价铬、总砷、总铅、总镍、苯并[a]芘、总铍、总银、莠去津、氟虫腈、流量	月		

排污单位级别	监测点位	监测项目	监测频次 直接排放	监测频次 间接排放	备注
重点排污单位	雨水排放口[b]	pH、COD、悬浮物	日[c]		—
非重点排污单位	废水总排放口	pH、COD、氨氮、流量	月		根据许可的污染物种类确定具体监测项目
		悬浮物、石油类、色度、BOD$_5$、磷酸盐（以 P 计）（总磷）、总氮	季度		
		挥发酚、总氰化物、氯苯类、硝基苯类、苯胺类、苯、甲苯、二甲苯、乙苯、甲醛、总锌、五氯酚及五氯酚钠（以五氯酚计）、乐果、2-氯-5-氯甲基吡啶、咪唑烷、吡虫啉、三唑酮、对氯苯酚、多菌灵、邻苯二胺、吡啶、百草枯离子、2,2′:6′,2″-三联吡啶、有机磷农药（以 P 计）、马拉硫磷	季度		
		TOC、氟化物、硫化物、可吸附有机卤化物、总锰、动植物油	半年		
	车间或生产设施排放口	总汞、烷基汞、总镉、总铬、六价铬、总砷、总铅、总镍、苯并[a]芘、总铍、总银、莠去津、氟虫腈、流量	季度		
	雨水排放口[b]	pH、COD、悬浮物	日[c]		—

[a] 含磷化学农药制造排污单位及水环境质量中总磷实施总量控制区域的重点排污单位，总磷需采取自动监测。

[b] 除表中规定的污染物指标外，排污单位可根据实际情况从排放的污染物指标中选择特征污染物指标开展监测。

[c] 雨水排放口有流动水排放时按日监测。若监测一年无异常情况。可放宽至每季度开展一次监测。

注：表中所列指标，设区的市级及以上环保主管部门明确要求安装自动监测设备的，需采取自动监测。

（1）企业废水总排放口监测

废水总排放口的污染物种类包括：pH、COD、氨氮、流量、悬浮物、石油类、色度、总氮、总磷、BOD$_5$、磷酸盐（以 P 计）、挥发酚、总氰化物、氯苯类、硝基苯类、苯胺类、苯、甲苯、二甲苯、乙苯、甲醛、吡啶、总锌、五氯酚及五氯酚钠（以五氯酚计）、乐果、总有机碳、氟化物、硫化物、可吸附有机卤化物、总锰、动植物油、2-氯-5-氯甲基吡啶、咪唑烷、吡虫啉、三唑酮、对氯苯酚、多菌灵、邻苯二胺、百草枯离子、2,2′:6′,2″-三联吡啶、有机磷农药（以 P 计）和马拉硫磷等指标。

按照 HJ 819—2017 中的要求，给出了各污染物的监测频次。对于水环境质量中总氮（无机氮）/总磷（活性磷酸盐）超标的流域或沿海地区，或总氮/总磷实施总量控制区域，还对其监测方式和最低监测频次进行了规定。

（2）车间或生产设施废水排放口监测

针对车间或生产设施排放的一类污染物和莠去津、氟虫腈的排放口提出了监测要求。

3.4.5 合规性判定方法

1. 产排污环节、污染治理设施及排放口合规判定

判定方法：排污单位实际的生产地点，主要生产单元，生产工艺，生产设施，污染治理设施的位置、编号是否与排污许可证及执行报告相符，实际情况与排污许可证或者执行报告上载明的规模、参数等信息基本相符。所有组织排放口和各类废水排放口的个数、类别、排放方式和去向等与排污许可证载明信息一致。

2. 废气排放浓度合规判定

排污单位废气排放口、废水排放口污染物浓度需做到达标排放，其中浓度达标排放至关重要，GB 862—2017 结合实际情况，按照正常情况和非正常（装置启停）情况分别给出执法监测和企业自行监测（自动监测、手工监测）时浓度合规的判定方法。

（1）正常情况

排污单位废气有组织排放口中，执行 GB 14554—1993 的污染物排放速率合规是指任一速率均值均满足许可限值要求；臭气浓度一次均值合规是指任一次测定值均满足许可浓度要求；二噁英类排放浓度合规是指每次采样时间不得低于 45 分钟，连续采样三次分别测定，以平均值作为许可排放浓度合规判定值。除上述情形外，其余废气有组织排放口污染物和无组织

排放污染物排放浓度合规是指任一小时浓度均值均满足许可排放浓度要求。其中，废气污染物小时浓度均值根据执法监测、排污单位自行监测（包括自动监测和手工监测）进行确定。

①执法监测

按照 GB/T 16157—1996、GB 18484—2020、HJ/T 397—2007、HJ/T 55—2000 监测规范要求获取的执法监测数据超标的，即视为不合规。

②排污单位自行监测

自动监测：将按照监测规范要求获取的有效自动监测数据计算得到的有效小时浓度均值（除二噁英类外）与许可排放浓度限值进行对比，超过许可排放浓度限值的，即视为超标。对于应当采用自动监测而未采用的排放口或污染物，即认为不合规。自动监测小时均值是指整点 1 小时内不少于45 分钟的有效数据的算术平均值。

手工监测：对于未要求采用自动监测的排放口或污染物，应进行手工监测，按照自行监测方案、监测规范要求获取的监测数据计算得到的有效小时浓度均值超标的，即视为不合规。

根据《关于污染源在线监测数据与现场监测数据不一致时证据适用问题的复函》（环政法函〔2016〕98 号）规定，若同一时段的执法监测数据与排污单位自行监测数据不一致，执法监测数据符合法定的监测标准和监测方法的，以该执法监测数据为准。

（2）非正常（装置启停）情况

根据农药制造工业焚烧炉、燃煤锅炉启停特点，确定豁免时段。

焚烧炉：计划内启动和停机阶段 4 小时内的 NO_x 排放浓度不视为许可排放浓度限值的判定依据。

燃煤锅炉：对于采用脱硝措施的燃煤蒸汽锅炉，冷启动 1 小时、热启动 0.5 小时不作为 NO_x 合规判定时段。

若多台设施采用混合方式排放烟气，且其中一台处于启停时段，排污单位可自行提供烟气混合前各台设施污染物有效监测数据的，按照提供数据进行合规判定。

3. 废水排放浓度合规判定

农药制造工业排污单位各废水排放口污染物的排放浓度合规是指任一有效日均值（除 pH 外）均满足许可排放浓度要求。

（1）执法监测

按照《地表水和污水监测技术规范》（HJ/T 91—2002）等监测规范要求获取的执法监测数据超标的，即视为不合规。

（2）排污单位自行监测

①自动监测

将按照监测规范要求获取的自动监测数据计算得到有效日均浓度值（除 pH 外）与许可排放浓度限值进行对比，超过许可排放浓度限值的，即视为不合规。对于应当采用自动监测而未采用的排放口或污染物，即视为不合规。

对于自动监测，有效日均浓度是指对应于以每日为一个监测周期内获得的某个污染物的多个有效监测数据的平均值。在同时监测污水排放流量的情况下，有效日均值是指以流量为权重的某个污染物的有效监测数据的加权平均值；在未监测污水排放流量的情况下，有效日均值是指某个污染物的有效监测数据的算术平均值。

自动监测的有效日均浓度应根据 HJ 356—2019、《水污染源在线监测系统（COD_{Cr}、NH_3-N 等）运行技术规范》（HJ 355—2019）等相关文件确定。

②手工监测

对于未要求采用自动监测的排放口或污染物，应进行手工监测。按照自行监测方案、监测规范进行手工监测，当日各次监测数据平均值或当日混合样监测数据（除 pH 外）超标的，即视为不合规。pH、色度以一次有效数据出现超标的，即视为不合规。

若同一时段的执法监测数据与排污单位自行监测数据不一致，执法监测数据符合法定的监测标准和监测方法的，以该执法监测数据为准。

4. 排放量合规判定

农药制造工业排污单位污染物的排放总量合规，一是指各类主要排放口污染物实际排放量之和满足年许可排放量要求；二是指对于特殊时段有许可排放量要求的，实际排放量不得超过特殊时段许可排放量。

对于排污单位燃煤锅炉启停机情况下的非正常排放，应通过加强正常运营时污染物排放管理、减少污染物排放量的方式，确保污染物实际年排放量满足许可排放量要求。

5. 管理要求合规判定

生态环境主管部门依据排污许可证中的管理要求，审核环境管理台账记录和许可证执行报告；检查排污单位是否按照自行监测方案开展自行监测，是否按照排污许可证中环境管理台账记录要求记录相关内容，记录频次、形式等是否满足许可证要求，是否按照许可证中执行报告的要求定期上报，上报内容是否符合要求等，是否按照许可证要求定期开展信息公开，是否满足特殊时段污染防治要求。

3.5　排污许可的环境管理要求

3.5.1　企业自行监测

自行监测方案中应明确排污单位的基本情况、监测点位及其示意图、监测污染物项目、执行排放标准及其限值、监测频次、监测方法和仪器、采样和样品保存方法、质量保证与质量控制、监测结果公开时限等。对于采用自动监测的污染物项目，排污单位应当如实填报采用自动监测的污染物项目、自动监测系统联网情况和自动监测系统的运行维护情况等；对于未采用自动监测的污染物项目，排污单位应当填报开展手工监测的污染物排放口、监测点位、监测方法和监测频次等。2015年1月1日（含）以后取得环境影响评价批复的排污单位，应根据环境影响评价文件及批复中的有关要求同步完善排污单位自行监测管理内容。

排污单位可自行或委托有资质的监测机构开展监测工作，并安排专人专职对监测数据进行记录、整理、统计和分析，对监测结果的真实性、准确性和完整性负责。

3.5.2　环境管理台账记录

　　农药制造工业排污单位应建立环境管理台账制度，设置专职人员进行台账的记录、整理、维护和管理，并对台账记录结果的真实性、准确性、完整性和规范性负责。排污单位应按照"规范、真实、全面、细致"的原则，依据 GB 862—2017 的要求，记录生产设施运行管理信息，原料、辅料、燃料采购信息，污染治理设施运行管理信息，非正常工况记录信息，监测记录信息和其他环境管理信息。排污单位可在满足 GB 862—2017 要求的基础上根据实际情况自行制定记录内容的格式。

3.5.3　执行报告要求

　　排污许可证执行报告按报告周期分为年度执行报告、季度执行报告和月度执行报告。持有排污许可证的农药制造工业排污单位，均应按照 GB 862—2017 的规定提交年度执行报告与季度执行报告。地方生态环境主管部门有更高要求的，排污单位还应根据其规定提交月度执行报告。排污单位应在全国排污许可证管理信息平台上按时填报并提交执行报告，同时向有核发权的生态环境主管部门提交通过平台生成的书面执行报告。

3.5.4　污染防治可行技术及运行管理要求

　　1. 废气

　　（1）可行技术

　　农药制造工业排污单位主要的废气治理可行技术见表 3-34。

表 3-34　农药制造工业排污单位废气治理可行技术参照

废气种类	污染物	可行技术
工艺废气	SO_2^a	低硫燃料、湿法脱硫（石灰石法、氧化镁法、氨法、氢氧化钠法）、半干法脱硫、干法脱硫
	NO_x^a	低氮燃烧（低氮燃烧器、空气分级燃烧、燃料分级燃烧）、SCR、SNCR、碱吸收

废气种类	污染物	可行技术
工艺废气	PM	采用清洁燃料、除尘（袋式除尘、电袋复合除尘、旋风除尘、多管除尘、滤筒除尘、电除尘、湿式除尘、水浴除尘）
	VOCs	冷凝、吸收、吸附、生物处理、直接燃烧、热力燃烧、催化燃烧、等离子法、光催化氧化、电氧化
	光气	催化水解、碱吸收
	三甲胺	酸吸收、降膜吸收+吸附、燃烧
	甲醇、甲醛、乙醛	水吸收、吸附、燃烧
	氨	水吸收、酸吸收
	氯气、氯化氢、硫化氢、氰化氢、硫酸雾、氟化物	降膜吸收、水吸收、碱吸收
	其他有机特征污染物[b]	冷凝、吸附、燃烧
	二噁英类	活性炭/焦吸附
含尘废气	PM	静电除尘、袋式除尘、电袋复合除尘、旋风除尘、多管除尘、滤筒除尘、电除尘、湿式除尘、水浴除尘
发酵废气	VOCs、特征污染物、臭气浓度	旋风分离、冷却降温（气气换热、气液换热）、水洗、碱吸收、氧化吸收、转轮浓缩、催化燃烧
供热系统烟气	SO_2	低硫燃料、湿法脱硫（石灰石法、氧化镁法、氨法、氢氧化钠法）、半干法脱硫、干法脱硫
	NO_x	低氮燃烧技术（低氮燃烧器、空气分级燃烧、燃料分级燃烧）、SCR、SNCR
	PM	采用清洁燃料、除尘（袋式除尘、电袋复合除尘、旋风除尘、多管除尘、滤筒除尘、电除尘、湿式除尘、水浴除尘）
	汞及其化合物	协同处置（活性炭/焦吸附、炉内添加卤化物、烟道喷入活性炭/焦）
危险废物焚烧炉烟气	烟尘	采用清洁燃料、除尘（袋式除尘、电袋复合除尘、旋风除尘、多管除尘、滤筒除尘、电除尘、湿式除尘、水浴除尘）
	SO_2	湿法脱硫（石灰石法、氧化镁法、氨法、氢氧化钠法）、半干法脱硫、干法脱硫

废气种类	污染物	可行技术
危险废物焚烧炉烟气	NO_x	低氮燃烧技术（低氮燃烧器、空气分级燃烧、燃料分级燃烧）、SCR、SNCR
	氟化氢、氯化氢	碱吸收
	二噁英类	活性炭/焦吸附、烟道喷入活性炭/焦/石灰
废水处理站废气	硫化氢	生物滴滤、碱洗
	氨	生物滴滤、吸收
	VOCs、特征污染物、臭气浓度	化学吸收、生物净化、生物滴滤、吸附、氧化、焚烧
罐区和装卸区废气	VOCs、特征污染物	选用浮顶罐，设置呼吸阀，呼吸气收集进行吸收、吸附或焚烧处理
生产区、危险废物暂存区无组织废气	VOCs、特征污染物、臭气浓度	密闭的生产和输送设备，泄漏检测与修复，集气罩收集或密闭操作间整体通风收集后进行吸收、吸附或焚烧处理

a 适用于燃烧法处理产生的 SO_2、NO_x。
b 列入 GB 16297—1996、GB 14554—1993 中除甲醇、甲醛、乙醛、光气、三甲胺外的其他有机污染物。

（2）运行管理要求
①有组织排放
有组织排放的运行管理要求主要指针对废气处理系统的安装、运行和维护等提出的规范和要求，具体内容如下：
- 污染治理设施应与产生废气的生产工艺设备同步运行，由事故或设备维修等原因造成治理设备停止运行时，应立即报告当地生态环境主管部门。
- 污染治理设施运行应在满足设计工况的条件下进行，并根据工艺要求定期对设备、电气、自控仪表及构筑物进行检查维护，确保污染治理设施的可靠运行。
- 污染治理设施正常运行中的废气排放应符合国家、地方或相关行业污染物排放标准的规定。

- 污染治理设施正常运行时的废气集输、处理和排放应符合国家或地方污染物排放标准的规定。
- 为保证净化效果，废气处理装置需按照国家、地方或相关行业的规范进行设计，并在线测定相关工艺参数，具体参数如下：

  ➢ 冷凝器排出的不凝尾气的温度应低于尾气中污染物的液化温度，若尾气中有数种污染物，则不凝尾气的温度应低于尾气中液化温度最低的污染物的液化温度；

  ➢ 吸附装置按照《吸附法工业有机废气治理工程技术规范》(HJ 2026—2013)的要求进行建设，吸附装置的净化效率不得低于90%，吸附剂更换/再生周期、操作温度应满足设计参数的要求；

  ➢ 洗涤装置配置 pH 在线监测自动加药系统时，洗涤液水质、水量应满足设计参数的要求；

  ➢ 催化燃烧设施按照《催化燃烧法工业有机废气治理工程技术规范》(HJ 2027—2013)进行建设，催化燃烧装置的净化效率不得低于97%，进入催化燃烧器装置的废气中有机物浓度应低于其爆炸极限下限的25%，PM浓度应低于 10 mg/m^3，热力燃烧设施部分指标参照 HJ 2027—2013 执行；

  ➢ 固体废物焚烧设施排放的废气应满足 GB 18484—2020 中的控制要求，主要工艺参数要求为炉膛内温度≥1 100℃，烟气停留时间≥2 秒，炉膛内渣热灼减率＜5%，燃烧效率≥99.9%，焚毁去除率≥99.99%；

  ➢ 产生大气污染物的生产工艺和装置需设立局部或整体气体收集系统和净化处理装置，并达标排放。

②无组织排放

排污单位无组织排放的节点主要包括生产车间间歇性生产过程的进出料、物料中转与转移、固液分离等过程产生的挥发气，化学品仓库、罐区、装卸站、固体废物仓库等储运过程产生的挥发气，实验室或研发中心产生的试验废气，高浓度污水处理设施、污泥间产生的恶臭气体等。具体要求如下：

- 对于生产过程的动静密封点（阀门、法兰、泵、罐口、接口等）可采用 LDAR 技术控制无组织排放。对含 VOCs 物料的输送、储存、投加、转移、卸放、反应、搅拌混合、分离精制、真空和包装等可能产生 VOCs 无组织排放的环节均应密闭并设置收集排气系统，送至 VOCs 回收或净化系统进行处理。对于生产车间的无组织废气，尽可能采用密闭的物料转移（管道、螺旋输送机等）、固液分离（三合一压滤机、非三足式离心机等）设施；物料中转的高位槽、中间储罐与反应设备建立气相平衡，通过管道密闭收集并送废气处理设施处理；设置合理的集气罩对进出料过程的无组织废气进行收集，并送废气处理设施进行处理。

- 对于罐区、装卸站的无组织废气，装卸时储罐与槽车建立气相平衡；储罐根据物料性质选用浮顶罐，或设置必要的氮封、呼吸阀，呼吸气利用集气罩收集并送废气处理设施处理。对于化学品仓库、固体废物仓库的无组织废气，密闭、整体通风换气，置换的废气送废气处理设施处理。

- 对于实验室或研发中心的试验废气，利用通风橱、集气罩或管道等收集并送废气处理设施处理。

- 对于废水集输、物化及生化处理、污泥浓缩产生的恶臭气体，主要处理构筑物加盖，污泥间进行密闭、整体通风，废气统一收集并送废气处理设施处理。

2．废水

（1）可行技术

农药行业品种繁多，其中有机磷类农药、杂环类农药、苯氧羧酸类农药、菊酯类农药、磺酰脲类农药、酰胺类农药、有机硫类农药、氨基甲酸酯类农药、有机氯类农药的废水及综合废水污染治理的可行技术见表 3-35，表 3-35 中未包含的农药类别可根据其污染物排放特征参考相同类别的处理技术。

表 3-35 农药制造工业排污单位废水可行技术参照

废水来源	农药类别	废水名称	主要污染物	可行技术
生产线单元	杂环类	缩合废水	悬浮物、COD、BOD$_5$、氨氮、苯胺类	焚烧
				湿式氧化（或碱性水解/蒸发浓缩）+活性炭吸附+生化
		含苯胺类废水	悬浮物、COD、BOD$_5$、氨氮、苯胺类	络合萃取（或液膜萃取、树脂吸附）+活性炭吸附+生化
		莠去津生产设施或车间排水	莠去津	络合萃取（或液膜萃取）
		氟虫腈生产设施或车间排水	氟虫腈	浓缩焚烧
	有机磷类	含有机磷废水	悬浮物、COD、BOD$_5$、氨氮	催化碱性/加压水解（或湿式氧化）/定向转化+脱盐+生化
		含杂环废水	悬浮物、COD、BOD$_5$、氨氮	浓缩焚烧、碱性高压水解
		高含盐废水	悬浮物、COD、BOD$_5$、氨氮	蒸发浓缩+生化
	苯氧羧酸类	缩合废水、氯化废水	悬浮物、COD、BOD$_5$、氨氮	络合萃取/液膜萃取/树脂吸附+蒸发浓缩+生化+活性炭吸附
	拟除虫菊酯类	含氰化钠废水	悬浮物、COD、BOD$_5$、氨氮、总氰化物	碱性水解（或次氯酸钠破氰）+脱氨+生化
		中间体合成废水	悬浮物、COD、BOD$_5$、氨氮、甲苯、总氰化物	蒸发浓缩+生化
		缩合废水	悬浮物、COD、BOD$_5$、氨氮	蒸发浓缩+生化+活性炭吸附
	磺酰脲类	缩合废水	悬浮物、COD、BOD$_5$、氨氮	活性炭吸附+生化、焚烧
	酰胺类	磷酸废水、碱性废水、盐酸废水	悬浮物、COD、BOD$_5$、氨氮、苯胺类	循环套用后蒸发浓缩+生化处理
	酰胺类	酰化废水、醚化废水	悬浮物、COD、BOD$_5$、氨氮、苯胺类	萃取（或树脂吸附/蒸发浓缩）+生化
		缩合废水	悬浮物、COD、BOD$_5$、氨氮、苯胺类	蒸发浓缩+生化+活性炭吸附
	有机硫类	代森系列农药废水	悬浮物、COD、BOD$_5$、氨氮、总锌、总锰	中和沉淀+絮凝+脱氨+生化+活性炭吸附
		沙蚕毒类农药废水	悬浮物、COD、BOD$_5$、氨氮、总氰化物	碱性水解（或高温氧化/湿式氧化/化学氧化）+生化+活性炭吸附
		硝磺草酮废水	悬浮物、COD、BOD$_5$、氨氮、硝基苯	蒸发浓缩+生化
	氨基甲酸酯类	缩合废水	悬浮物、COD、BOD$_5$、氨氮	蒸发浓缩+生化+活性炭吸附

废水来源	农药类别	废水名称	主要污染物	可行技术
生产线单元	有机氯类	缩合废水	悬浮物、COD、BOD$_5$、氨氮、总氰化物	蒸发浓缩+生化+活性炭吸附
	其余工艺废水	—	悬浮物、COD、BOD$_5$、氨氮	蒸发浓缩+碱性水解+高温氧化+湿式氧化+萃取+集输至污水综合处理装置
公用单元	所有类别	洗水、设备及地面冲洗水	悬浮物、COD、BOD$_5$、氨氮	集输至污水综合处理装置
		动力车间、汽轮发电机等设备冷却水	悬浮物、COD、BOD$_5$、氨氮、石油类	经沉淀、除油、冷却塔或喷淋池冷却后回用
		锅炉排灰废水	悬浮物、COD、BOD$_5$、氨氮	经沉灰池沉降、灰水分离器处理后回用
		烟囱除尘废水	悬浮物、COD、BOD$_5$、氨氮	沉淀后回用
		瓦斯洗涤水	悬浮物、COD、BOD$_5$、氨氮	沉淀后回用
		冷却循环水	悬浮物、COD、BOD$_5$、氨氮	处理后回用或排放
		罐区喷淋及初期雨水	悬浮物、COD、BOD$_5$、氨氮	活性炭吸附+生化
		生活污水	悬浮物、COD、BOD$_5$、氨氮、动植物油、pH	预处理系统：调节、多效蒸发、吹脱、汽提、混凝、沉淀、气浮、破乳、油水分离（隔油、浮选）、中和、氧化、萃取、蒸馏、吸附和水解等；生化处理：UASB、EGSB、AFB、UBF、IC、水解酸化、活性污泥法、SBR、氧化沟、A/O、MBR、BAF、生物接触氧化法、AO、短程硝化反硝化和同时硝化反硝化等；
		综合污水	pH、悬浮物、COD、BOD$_5$、氨氮	深度处理与回用：蒸发结晶、混凝、砂滤、臭氧氧化、Fenton氧化、UF、RO和焚烧等。

（2）运行管理要求

具体要求如下：

- 污水输送管道布设合理，防止跑、冒、滴、漏，设备、地坪冲洗水必须纳入生产废水处理系统。污水管网等要求防腐、防渗漏处理。污水贮池还应采取防雨措施。

- 所有处理装置的进水口要定期监测相关指标（如 pH、COD、氨氮等），确保处理装置的处理效果。

- 企业应按照运行管理规定记录所有装置的实时运行参数、设备的使用情况、检查及维修记录、相关检测指标。

- 企业应建立监测制度，对所有排放口定时进行监测，确保污染物的排放符合排放标准或控制指标。

4 农药行业排污许可技术后续研究与应用建议

4.1 农药行业排放限值确定技术在控制单元水质达标上的应用

4.1.1 问题描述与研究意义

我国水污染控制历经以污染源达标排放控制为标志的污染源管理时代，目标总量控制为标志的污染源管理时代，目前正逐步进入以水质达标为标志的水质管理时代。在排污许可制度中充分体现水质的约束作用，并实现水环境质量改善的最终目标，是水质管理时代的基础，其技术关键在于排污许可限值的确定。我国目前实施的排污许可限值核定方法主要是依据行业排放标准、环评审批等要求，更多考虑了企业所属行业的属性和已有的法定审批要求，是一种基于技术的排污许可限值。在我国排污许可制度实施的初期，这种核定方法是实事求是的，符合我国水环境管理的实际情况。基于水质排污许可限值的确定以流域水质改善为目标，将固定污染源排污许可限值的确定置于流域水质目标管理的框架之下，通过控制单元精细划分和单元内污染源解析，建立控制单元内污染物排放与水质之间的响应关系，解析固定污染源对水质的影响和贡献。通过控制单元环境容量计算与总量分配，或者通过情景设计，依据河流水质要求确定控制单元中固定污染源的排放限值，作为各个单元中"多源"排放限值。

目前，基于水质的排污许可限值核定技术已取得重大进展，可以实现固定污染源排放限值的精准核算。然而，在推广进程中仍存在多个需要解决的问题，主要表现为 3 个方面：①制定的限值在行业层面是否具备可行性，过低且以现有治理水平无法实现或利润不足以支持高昂的废水处理成本的限值会对行业的发展产生压制作用；②行业间排污行为差异性极大，废水基质复杂，污染物削减的难度可能存在巨大差别，限值的制定需考虑行业的污染物削减潜力，对污染物削减潜力大的行业实行优先执行，对污染物削减潜力小的行业适当给予"保护"；③与现行排污许可制度缺少衔接，体现在具体的排放量限值落实到排放浓度时，游离于排放标准的管控体系外，环保管理者缺少执法抓手。

本节主要研究行业严于国家排放标准污染物浓度分级限值及对应的技术方法和削减潜力与成本，将重点行业基于技术的排放限值与地表水环境质量达标相结合，建立地表水质达标和行业治理技术相结合的排污许可限值核定技术方法，为固定污染源由执行基于技术的排污许可限值到执行基于水质的排污许可限值提供了过渡方案，同时可以支撑标志性成果关键技术"基于水质目标的排污许可管理"的构建。

4.1.2　农药行业固定污染源污染物排放限值分级确定方法

行业的水质目标分级遵循统一原则、统一架构、分级分管、分级分治，是实现行业间复杂排污治污数据的降维处理、公式化和可视化的第一步。重点行业水质目标分级按污染物浓度由低到高依次分为 1～5 级，分级的依据首先是参照现行有效的排放标准；其次是浓度级别可较好地区分相应所达到的处理技术水平。按照《固定污染源排污许可分类管理名录（2019 年版）》，不同分类的行业若生产情况、废水污染物产生水平、最佳治理工艺和适用标准等方面相同或相似，可使用同一分级进行管理。

一般的行业水质目标分级可遵循以下步骤：5 级和 4 级为企业间接排放限值，3 级和 2 级为企业直接排放限值，1 级为《地表水环境质量标准》（GB 3838—2002）相应功能区限值。其中，5 级为企业排放浓度必须达到的最低标准，否则将会超标排污，触犯相关法律；1 级为企业排放浓度可能达到的最高标准，企业需投入大量资金改进清洁生产或废水处理工艺。

根据《农药工业水污染物排放标准》（征求意见稿），从 2018 年 1 月 1 日起，新建企业执行该标准中表 1 的标准限值；现有企业自 2020 年 1 月 1 日起申请、核发、换发排污许可证时，执行该标准中表 1 的标准限值。目前现有企业执行 GB 8978—1996 中表 4 的标准限值。地方有更严格标准的，应从严执行地方标准。对全国的水污染控制形势调查发现，部分区域现有水质不能达到功能区要求，地方要求所在区域的企业排放执行 GB 3838—2002 中 V 类水标准，或者执行零排放要求。

综合考虑这些情况，根据可能的排放要求提出以下 5 个等级的排放方案，见表 4-1。

表 4-1 农药行业水污染物排放浓度限值分级

单位：mg/L

分级	COD	BOD	氨氮	总氮	总磷	悬浮物	对应标准
1	40	10	2	2	0.4	—	GB 3838—2002 中 V 类水标准
2	100^a (80^b)	20	15	20	4^e (1^f)	50	《农药工业水污染物排放标准》（征求意见稿）中表 1 直接排放
3	150	30	25			150	GB 8978—1996 中表 4 二级标准
4	400^c (200^d)	—	30	40	10^g (2^h)	150	《农药工业水污染物排放标准》（征求意见稿）中表 1 间接排放
5	500	300	—	—	—	400	GB 8978—1996 中表 4 三级标准

^{a} 其他排污单位；^{b} 生物类农药生产；^{c} 其他排污单位；^{d} 生物类农药生产；^{e} 有机磷类农药生产；^{f} 其他排污单位；^{g} 有机磷类农药生产；^{h} 其他排污单位。

4.1.3 技术分级

按照废水处理的先后顺序将处理工艺分为预处理、一级处理、二级处理和深度处理，农药废水要实现不同等级的达标排放，需根据废水种类和特性设置不同的治理工艺组合，各级处理的主要技术见表 4-2。单纯制剂企业由于废水成分简单，处理难度相对较低，采用预处理+二级处理即可达到 2 级标准。生产化学原药、中间体以及生物农药的农药企业一般采取预处理+二级处理，处理后可达到 4 级标准（大多数企业会增加一级处理以降低废水处理系统的负荷，提高处理效率），采取预处理+一级处理+二级处理可达到 2 级标准，采取预处理+一级处理+二级处理+深度处理可达到 1 级标准。由于农药废水性质根据所生产的农药品种不同而具有很大的差异性，为使某种难以处理农药废水达到对应排放标准的要求，不少农药企业需要采取高于表 4-3 中所列举的处理技术组合，废水处理实例见表 4-4。

表 4-2　农药废水各级处理的主要技术

废水处理阶段	主要处理技术
预处理	多效蒸发、氧化、萃取、蒸馏、吸附、汽提等
一级处理	调节、中和、水解、吹脱、混凝、沉淀、气浮、破乳、油水分离（隔油、浮选）等
二级处理	UASB、EGSB、AFB、UBF、IC、水解酸化、活性污泥法、SBR、氧化沟、A/O、MBR、BAF、生物接触氧化法、AO、短程硝化反硝化、同时硝化反硝化等
深度处理	蒸发结晶、砂滤、臭氧氧化、Fenton 氧化、UF、RO、焚烧等

表 4-3　不同排放限值等级对应的处理技术汇总

等级	处理技术	
	化学原药及中间体、生物农药企业	单纯制剂企业
1	预处理+一级处理+二级处理+深度处理	预处理+二级处理+深度处理
2	预处理+一级处理+二级处理	预处理+二级处理
3		
4	预处理+（一级处理）+二级处理	预处理+一级处理
5		

表 4-4 农药工业废水污染治理可行技术路线

农药类别	工艺过程污染预防技术	废水治理技术			
		技术组合	污染物排放情况		
			污染物指标	排放浓度/（mg/L）	说明
杂环类农药	氨（胺）回收	预处理+二级处理（具有脱氮功能）	COD$_{Cr}$	≤500	排入城镇/工业污水处理厂
			BOD$_5$	≤300	
			SS	—	
		①预处理+一级处理+二级处理（具有脱氮功能）（+三级处理）；②焚烧+二级处理（具有脱氮功能）	COD$_{Cr}$	≤100	GB 21523—2008 中新建企业水污染物排放限值要求
			BOD$_5$	—	
			SS	≤50	
		①预处理+一级处理+二级处理（具有脱氮功能）+三级处理；②焚烧+二级处理（具有脱氮功能）	COD$_{Cr}$	≤80	GB 21523—2008 中水污染物特别排放限值要求
			BOD$_5$	—	
			SS	≤30	
有机磷类农药	磷回收、盐回收	预处理+二级处理（具有除磷功能）	COD$_{Cr}$	≤500	排入城镇/工业污水处理厂
			BOD$_5$	≤300	
			SS	—	
		①预处理+一级处理+二级处理（具有除磷功能）+三级处理（除磷）；②焚烧+二级处理（具有除磷功能）	COD$_{Cr}$	≤100	GB 8978—1996 中新建企业水污染物排放限值要求
			BOD$_5$	≤20	
			SS	≤70	
苯氧羧酸类农药	苯酚回收	一级处理+二级处理	COD$_{Cr}$	≤500	排入城镇/工业污水处理厂
			BOD$_5$	≤300	
			SS	—	
		一级处理+二级处理+三级处理（氧化/吸附）	COD$_{Cr}$	≤100	GB 8978—1996 中新建企业水污染物排放限值要求
			BOD$_5$	≤20	
			SS	≤70	
	—	预处理+一级处理+二级处理	COD$_{Cr}$	≤500	排入城镇/工业污水处理厂
			BOD$_5$	≤300	
			SS	—	
		预处理+一级处理+二级处理+三级处理（氧化/吸附）	COD$_{Cr}$	≤100	GB 8978—1996 中新建企业水污染物排放限值要求
			BOD$_5$	≤20	
			SS	≤70	

农药类别	工艺过程污染预防技术	废水治理技术			
		技术组合	污染物排放情况		
			污染物指标	排放浓度/（mg/L）	说明
菊酯类农药	—	预处理+一级处理+二级处理	COD$_{Cr}$	≤500	排入城镇/工业污水处理厂
			BOD$_5$	≤300	
			SS	—	
		预处理+一级处理+二级处理+三级处理（氧化/吸附）	COD$_{Cr}$	≤100	GB 8978—1996 中新建企业水污染物排放限值要求
			BOD$_5$	≤20	
			SS	≤70	
磺酰脲类农药	—	预处理+一级处理+二级处理	COD$_{Cr}$	≤500	排入城镇/工业污水处理厂
			BOD$_5$	≤300	
			SS	—	
		①预处理+一级处理+二级处理+三级处理（吸附）；②焚烧+二级	COD$_{Cr}$	≤100	GB 8978—1996 中新建企业水污染物排放限值要求
			BOD$_5$	≤20	
			SS	≤70	
酰胺类农药	甲叉法	预处理+一级处理+二级处理（具有脱氮除磷功能）	COD$_{Cr}$	≤500	排入城镇/工业污水处理厂
			BOD$_5$	≤300	
			SS	—	
		预处理+一级处理+二级处理（具有脱氮除磷功能）+三级	COD$_{Cr}$	≤100	GB 8978—1996 中新建企业水污染物排放限值要求
			BOD$_5$	≤20	
			SS	≤70	
	氨（胺）回收	预处理+二级处理（具有脱氮除磷功能）	COD$_{Cr}$	≤500	排入城镇/工业污水处理厂
			BOD$_5$	≤300	
			SS	—	
		预处理+一级处理+二级处理（具有脱氮除磷功能）+三级处理	COD$_{Cr}$	≤100	GB 8978—1996 中新建企业水污染物排放限值要求
			BOD$_5$	≤20	
			SS	≤70	
有机硫类农药	—	预处理+二级处理（具有脱氮功能）	COD$_{Cr}$	≤500	排入城镇/工业污水处理厂
			BOD$_5$	≤300	
			SS	—	
		预处理+一级处理+二级处理（具有脱氮功能）（+三级处理）	COD$_{Cr}$	≤100	GB 8978—1996 中新建企业水污染物排放限值要求
			BOD$_5$	≤20	
			SS	≤70	

农药类别	工艺过程污染预防技术	废水治理技术			
		技术组合	污染物排放情况		
			污染物指标	排放浓度/（mg/L）	说明
氨基甲酸酯类农药	—	预处理+二级处理（具有脱氮功能）	COD$_{Cr}$	≤500	排入城镇/工业污水处理厂
			BOD$_5$	≤300	
			SS	—	
		预处理+一级处理+二级处理（具有脱氮功能）（+三级处理）	COD$_{Cr}$	≤100	GB 8978—1996 中新建企业水污染物排放限值要求
			BOD$_5$	≤20	
			SS	≤70	
有机氯类农药	—	预处理+二级处理	COD$_{Cr}$	≤500	排入城镇/工业污水处理厂
			BOD$_5$	≤300	
			SS	—	
		预处理+一级处理+二级处理（+三级处理）	COD$_{Cr}$	≤100	GB 8978—1996 中新建企业水污染物排放限值要求
			BOD$_5$	≤20	
			SS	≤70	
生物类农药	—	一级处理+二级处理	COD$_{Cr}$	≤500	排入城镇/工业污水处理厂
			BOD$_5$	≤300	
			SS	—	
		预处理+一级处理+二级处理（+三级处理）	COD$_{Cr}$	≤100	GB 8978—1996 中新建企业水污染物排放限值要求
			BOD$_5$	≤20	
			SS	≤70	
农药制剂加工	—	一级处理+二级处理	COD$_{Cr}$	≤500	排入城镇/工业污水处理厂
			BOD$_5$	≤300	
			SS	—	
		一级处理+二级处理（+三级处理）	COD$_{Cr}$	≤100	GB 8978—1996 中新建企业水污染物排放限值要求
			BOD$_5$	≤20	
			SS	≤70	

注：表中"+"代表工艺过程污染预防技术，废水处理技术的组合；杂环类农药和其他类别农药一起生产的企业废水污染治理可行技术路线按照杂环类企业执行，处理后废水中主要污染物满足 GB 21523—2008 中相应标准限值要求。

4.1.4 废水处理成本分析

1. 废水处理成本

根据工艺分类，废水处理成本维持在一个相对稳定的范围，与处理的废水性质、废水总量和工艺组合等变量相关性不大，主要工艺处理成本汇总见表 4-5。一般来说，需要借助外界力量的工艺处理成本相对较高，如焚烧、蒸发和蒸馏等，其次是需要使用药剂、有机溶剂、处理介质的工艺，如氧化、汽提、萃取和吸附等。

表 4-5　主要工艺处理成本汇总

工艺	处理成本/（元/t）
气浮	0.5~5
UF	1~2
RO	4~6
混凝	1~10
臭氧氧化	2~10
破乳	2~20
水解	10~20
吹脱	20~40
Fenton 氧化	3~30
吸附	5~50
萃取	10~50
汽提	30~60
氧化	5~200
多效蒸发	60~100
蒸馏	20~200
蒸发结晶	20~200
焚烧	200~1 000

2．废水处理设施建设成本

（1）分析方法

由于废水处理设施建设成本与废水处理的工艺选择、设计处理能力、工艺组合、工程造价和地域差异等因素均有关联，具有很强的个体化差异，因此在研究中主要采用发放调查表、进行案例统计的形式分析农药行业废水处理的建设成本，调查表的设计见表 4-6 和表 4-7。该调查共向全国 100 家农药企业发放调查表，收到 54 家回复，经筛选，有效案例为 36 家，36 家案例的基本信息见表 4-8。36 家农药企业分布在安徽、浙江、江苏、重庆、河北、河南、湖北、湖南、山东、吉林、宁夏、陕西和江西等 13 个省（自治区、直辖市），其中 4 家为直接排放企业，其余 32 家为间接排放企业，污水处理设施的投运时间在 2004—2018 年。

表 4-6　基础信息调查表

企业名称				曾用名		
统一社会信用码				排污许可证编码（若有）		
所在行政区域	省		区县		所在控制单元	
	市		乡镇			
产品信息	生产工艺		是否通过清洁生产审核	现有产能/（万 t/a）	2017 年产量/万 t	开工是否有季节性

表 4-7　污水处理和排放信息调查表

1. 母液处置设施		
处理装置	建设投资/万元	
设计处理能力/（t/d）	处理成本/（元/t 母液）	
实际处理量/（t/d）	废水回用成本/（元/t 母液）	
母液处理技术、工艺流程图：		

2. 污水预处理设施情况

处理设施		建设投资/万元	
设计处理能力/（t/d）		处理成本/（元/t 污水）	
实际处理量/（t/d）		废水回用成本/（元/t 污水）	

处理工艺流程图（磷处理工艺必须提到）：

3. 污水处理设施情况

处理设施		建设投资/万元	
设计处理能力/（t/d）		处理成本/（元/t 污水）	
实际处理量/（t/d）		投运时间/运行状况	

处理工艺流程图：

4. 生活污水处理设施情况

处理设施		建设投资/万元	
设计处理能力/（t/d）		处理成本/（元/t 污水）	
实际处理量/（t/d）		废水回用成本/（元/t 污水）	

（1）污水处理前后污染物平均浓度（mg/L，pH 除外）

污染因子	进入污水处理站前	企业总排口浓度	数据来源

（2）污水排放情况

污水年产生量/万 t		污水排放方式	□直接排放□间接排放
污水年排放量/万 t			

5. 雨污分流设施

雨水收集池设置情况	
雨水收集池水去向	

表 4-8　全国 36 家典型企业基本情况

企业序号	所在省份	原药产能/(t/a)	原药产量/(t/a)	污水排放方式	污水年产生量/万 t	污水年排放量/万 t	投运时间	雨水收集池设置情况	雨水收集池水去向
1	安徽省	4.47	2.57	间接	10.0	10.0	—	已设置	雨排口-市政管网
2	安徽省	1.67	0.33	间接	8.0	5.2	2010 年	已设置	初期雨水进入初期雨水收集池，后期雨水排入通河沟
3	安徽省	1.05	0.66	直接	74.3	74.2	2017 年	已设置	未填
4	安徽省	0.60	0.16	间接	6.0	6.0	—	已设置	污水处理
5	安徽省	3 850.00	1 284.79	间接	1.6	1.6	2009 年	已设置，(25×6×3) m³	生化调节池
6	安徽省	0.55	0.05	间接	2.7	2.7	2009 年	已设置	公司污水处理站
7	安徽省	0.18	0.04	间接	3.5	3.5	2018 年	已设置	公司污水处理站
8	安徽省	2.00	1.00	间接	33.9	33.9	2013 年	已设置	公司污水处理站
9	安徽省	9.50	6.20	间接	346.1	346.1	2008 年	已设置	排入公司排涝站
10	河北省	43 000.00	42 536.00	间接	35.3	35.3	2014 年	已设置	公司污水处理站
11	河北省	2.00	1.50	间接	7.4	7.4	2017 年	已设置	通过厂区管网进入生活处理设施
12	河北省	0.50	0.25	间接	40.5	40.5	—	设置事故池一座兼做雨水收集池	公司污水处理站
13	河南省	4 000.00	3 500.00	间接	7.5	7.5	2015 年	已设置	污水处理站

企业序号	所在省份	原药产能/(t/a)	原药产量/(t/a)	污水排放方式	污水年产生量/万 t	污水年排放量/万 t	投运时间	雨水收集池设置情况	雨水收集池去向
14	湖北省	13.00	12.26	间接	90.0	90.0	2005 年	已设置	污水处理站
15	湖北省	0.16	0.04	间接	4.5	4.5	2017 年	已设置	回用
16	湖南省	1.13	0.35	直接	94.3	94.3	2005 年	公司建有 3 000 m³ 的应急收集池	通过雨水收集管网进入应急池
17	吉林省	1.00	0.05	间接	0.4	0.4	—	无	市政排污
18	江苏省	2.40	1.56	间接	4.9	4.9	2017 年	5 000 m³ 初期雨水池	污水处理站
19	江苏省	65 000.00	22 584.00	间接	42.5	42.5	2009 年	已设置	污水处理站
20	江西省	9 000.00	8 023.52	间接	21.4	21.4	2012 年	已设置	污水处理站
21	江西省	2.00	1.12	间接	12.2	12.2	2009 年	已设置	进入污水处理系统
22	江西省	—	—	直接	57.6	57.6	2007 年	已设置	信江
23	宁夏回族自治区	4.80	1.21	间接	9.3	9.3	2013 年	已设置	公司污水处理站
24	山东省	0.80	0.69	直接	2.6	2.6	2014 年	已设置	污水处理站
25	山东省	1.79	0.63	间接	32.0	32.0	2008 年	所有雨水收集池进入公司事故水池,公司基本无直接排放环境废水	进入污水处理系统,用于系统配水

企业序号	所在省份	原药产能/(t/a)	原药产量/(t/a)	污水排放方式	污水年产生量/万t	污水年排放量/万t	投运时间	雨水收集池设置情况	雨水收集池水去向
26	山东省	1.47	0.50	间接	7.2	7.0	—	已设置	公司污水处理站
27	山东省	3.90	0.00	间接	0.01	1.8	2007年	已设置	污水处理站
28	陕西省	0.20	0.14	间接	0.9	0.9	2017年	已设置	养鱼、栽种水草、浇花
29	四川省	40 000.00	12 567.00	间接	7.0	7.0	2011年	已设置	经污水管网进入园区污水处理厂
30	四川省	12.00	7.32	直接	73.5	73.5	2014年	已设置	污水处理站
31	浙江省	0.99	0.84	间接	24.4	24.4	2009年	已设置	公司污水处理站
32	浙江省	0.99	0.84	间接	24.4	24.4	2009年	已设置	进入污水处理系统
33	浙江省	0.63	0.62	间接	18.9	18.9	2004年	已设置	厌氧集水池、好氧集水池
34	浙江省	0.92	0.88	间接	6.0	5.7	—	已设置	雨水经管道收集后通过厂区雨水排放口外排，雨水排放口设有闸门，将初期雨水切换至事故性废水应急池，最终泵入污水站处理
35	浙江省	1 000.00	876.00	间接	11.7	11.7	2010年	已设置	污水处理站
36	重庆市	3.00	2.00	间接	5.6	4.5	2011年	已设置	污水处理站

（2）调查结果

经数据统计（图 4-1），36 家典型农药企业均设置车间污水预处理设施以降低厂区污水处理站的处理负荷，车间预处理设施的投资成本为 60 万～5 337 万元，中位值为 800 万元，车间处理常见工艺为蒸发。厂区污水处理站的投资成本为 39 万～21 050 万元，中位值为 2 000 万元，污水站的工艺组合多样，但所有统计的典型企业均采用了生物处理工艺。全厂污水设施投资总额为 90 万～22 600 万元，中位值为 2 603 万元，其中，投资总额高于 3 000 万元的企业数占调查企业总数的 47%（图 4-2），这部分企业一般是污水处理难度高且废水量大的企业，工艺中包含了深度处理技术（表 4-9）；投资总额低于 500 万元的企业数仅占调查企业总数的 8%。

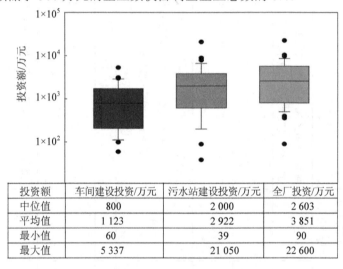

投资额	车间建设投资/万元	污水站建设投资/万元	全厂投资/万元
中位值	800	2 000	2 603
平均值	1 123	2 922	3 851
最小值	60	39	90
最大值	5 337	21 050	22 600

图 4-1　全国 36 家典型农药企业污水设施建设成本统计

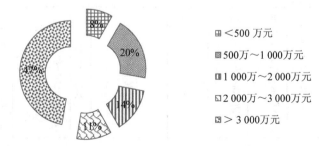

- ＜500 万元
- 500万～1 000万元
- 1 000万～2 000万元
- 2 000万～3 000万元
- ＞3 000 万元

图 4-2　全国 36 家典型农药企业污水设施投资总额占比

表 4-9　典型企业的污水处理工艺与投资成本汇总

序号	车间建设投资/万元	车间设计处理能力/(t/d)	车间处理主要工艺	污水站处理主要工艺	污水处理站建设投资/万元	污水处理站设计处理能力/(t/d)	全厂投资/万元
1	1 550	700	树脂吸附+脱氨+百草枯浓缩	调节+水解酸化+CASS+污泥浓缩+污泥干化+吡啶焚烧炉+百草枯焚烧炉	21 050	30 672	22 600
2	2 500	3 800	脱磷+高效催化+微电解+UASB+水解酸化	沉淀+调节+UASB+A₂/O+污泥浓缩	7 930	30 000	10 430
3	830	261	7套	物化单元+一级好氧+厌氧单元+二级好氧+深度处理	8 900	3 600	9 730
4	3 130	60	焚烧炉	三效蒸发+物化调节+氨氮吹脱+沉淀+高效催化氧化+微电解+混凝沉淀+生化调节+水解酸化+UASB+A/O+氧化	5 000	1 200	8 130
5	2 819	1 752	MVR装置	A2/O氧化沟	3 800	12 500	6 619
6	2 500	576	Fenton氧化+板框压滤+三效蒸发（MVR）+活性炭吸附	调节+微电解+混凝沉淀+UASB+水解酸化+好氧	4 000	200	6 500
7	868	1 000	光催化氧化+铁碳反应+高效沉淀除磷	调节+沉淀+厌氧+兼氧+好氧+污泥浓缩	5 391	6 300	6 259
8	5 337	2 496	活性炭吸附罐+四效蒸发处理	调节池+二级A/O+污泥浓缩+沉淀	700	1 400	6 037

序号	车间处理主要工艺	车间建设投资/万元	车间设计处理能力/ (t/d)	污水站处理主要工艺	污水处理站建设投资/万元	污水处理站设计处理能力/ (t/d)	全厂投资/万元
9	MVR 高盐废水预处理	2 400	360	Fenton 氧化+混凝沉淀、缺氧水解+好氧活性污泥+PACT	3 500	2 000	5 900
10	三效蒸发、铁碳微电解、Fenton 氧化、脱氨塔、石灰反应池	1 733	350	水解酸化、接触氧化、砂滤器、碳滤器、臭氧、MBR	3 467	5 000	5 200
11	精制盐生产装置	3 000	150	水解酸化+IC 厌氧+A2/O 好氧	2 000	2 400	5 000
12	三效蒸发（3 套）	1 800	1 300	生化系统（水解酸化+SBR+UASB+接触氧化）+除磷系统+中水+电渗析	3 000	2 000	4 800
13	气浮+吹脱，Fenton 氧化	800	500	气浮+调节+A2/O+沉淀	4 000	15 000	4 800
14	三效蒸发+强制电解	164	216	调节+混凝沉淀+厌氧+兼氧+好氧+污泥浓缩	4 095	2 000	4 258
15	石灰糖化+过氧化氢脱色	157	1 400	调节+中和+沉淀+UASB+深曝+A/O	3 513	4 500	3 670
16	—	120	80	调节池+水解酸化+生物降解池+沉淀池+污泥浓缩一体机	3 000	2 500	3 120
17	隔油+Fenton+混凝沉淀+双效蒸发	1 000	100	调节+EGSB+微氧接触氧化池+A/O+曝气生物滤池+混凝沉淀+污泥浓缩	2 000	150	3 000
18	离子交换+固液分离	60	24	调节+气浮+水解+沉淀+A/O 生化+兼氧+污泥浓缩	2 543	1 500	2 603

序号	车间处理主要工艺	车间建设投资/万元	车间设计处理能力/(t/d)	污水站处理主要工艺	污水处理站建设投资/万元	污水处理站设计处理能力/(t/d)	全厂投资/万元
19	—	60	24	臭氧氧化+混凝沉淀+催化氧化+A/O生化+污泥浓缩	2 543	1 500	2 603
20	三效蒸发器+铁床（除磷，加过氧化氢）+超声（脱氨氮）	1 200	550	超声+厌氧池+酸化池+好氧池+二沉池+监控池	800	550	2 000
21	三效蒸发（3套）	800	800	A2/O	1 200	1 000	2 000
22	三效蒸发	300	48	UASB厌氧池+好氧池+沉淀+除磷工艺	1 500	1 500	1 800
23	氧化、沉淀、RO、蒸发、膜处理	600	3 000	调节、UASB、水解酸化、Fenton氧化、活性污泥法	1 150	1 500	1 750
24	搅拌釜、MVR、多效蒸发、压滤、贮水池、离心机	1 533	360	格栅池+调节池+水解酸化池+接触氧化+沉淀池	39	30	1 573
25	微电解+催化氧化	500	200	UASB+CAST+MBR+污泥浓缩	1 000	2 000	1 500
26	喷雾蒸发	800	80	均质调节+水解酸化+A/O	280	600	1 080
27	三效蒸发装置，Fenton设施	168	125	厌氧+兼氧+SMBBR1+AMBBR+东流砂式沉淀+SMBBR2+AF+SMBBR3池	720	300	888
28	蒸水釜	100	20	铁碳微电解、调节、沉淀、厌氧、好氧、氨氧化	690	200	790

序号	车间处理主要工艺	车间建设投资/万元	车间设计处理能力/(t/d)	污水站处理主要工艺	污水处理站建设投资/万元	污水处理站设计处理能力/(t/d)	全厂投资/万元
29	紫外光氧化	400	200	调节+沉淀+厌氧+兼氧+好氧、混凝沉淀+光催化氧化+铁碳电解	350	1 500	750
30	调节池+精馏塔+反应釜+压滤机	360	200	厌氧+兼氧+好氧+沉淀	280	400	640
31	三效蒸发	206	45	生化处理	408	180	614
32	废水预处理	600	200	水解酸化+沉淀+生化+氨氮处理	—	3 000	600
33	过滤+塔式苯取+Fenton氧化+中和絮凝+三效蒸发+水解酸化	350	250	生化调节+水解酸化+接触氧化+沉淀	200	250	550
34	隔油池、调节池+铁炭反应池+高效Fenton反应槽+初沉池+污泥浓缩	200	500	调节池II+PSB光合细菌池+A/O池+二沉池+生物接触氧化池/混凝沉淀池	200	500	400
35	三效蒸发	360	250	三效升膜蒸发器	—	—	360
36	无	—	—		90	60	90

注：表中工艺仅为该企业的主要废水处理工艺，可能存在统计遗漏。

3. 农药行业污染物削减潜力分析

（1）COD

全国 36 家典型农药企业的 COD 削减潜力分析有效样本数为 32 家，其中无单纯的生物农药生产企业，因此根据农药行业固定污染源污染物排放限值分级，污染物 COD 的 4 级浓度限值为 400 mg/L、2 级浓度限值为 100 mg/L、1 级浓度限值为 40 mg/L。从图 4-3 可见，污水治理设施建设成本高于 4 000 万元且工艺中包含深度处理技术的企业，其 COD 的排放浓度可低于 2 级浓度限值；投资成本高于 8 000 万元的 4 家企业，其 COD 的排放浓度可达到或接近 1 级浓度限值；所有调查企业的 COD 排放可达到或接近 4 级浓度限值。28.1% 的调查企业的废水处理前 COD 负荷高于 10 000 mg/L；53.1% 的调查企业为 1 000～10 000 mg/L；6.3% 的调查企业为 400 mg/L 以下，达到 4 级排放标准。

（2）氨氮

全国 36 家典型农药企业的氨氮削减潜力分析有效样本数为 30 家，根据农药行业固定污染源污染物排放限值分级，污染物氨氮的 4 级浓度限值为 30 mg/L、2 级浓度限值为 15 mg/L、1 级浓度限值为 2 mg/L。从图 4-4 可见，污水治理设施投资成本高于 6 000 万元的企业，其氨氮的排放浓度可达到或接近 1 级浓度限值，也有个别投资成本排后的企业可能由于废水性质和工艺选择的原因，对氨氮也能达到很好的处理效果。所有调查企业的氨氮排放均可达到或接近 4 级浓度限值。40.0% 调查企业的废水处理前氨氮负荷高于 100 mg/L，最高浓度高达 9 600 mg/L；3.3% 的调查企业为 30～100 mg/L；23.3% 的调查企业为 30 mg/L 以下，达到 4 级排放标准。

（3）总磷

全国 36 家典型农药企业的总磷削减潜力分析有效样本数为 24 家，根据农药行业固定污染源污染物排放限值分级，污染物总磷的 4 级浓度限值为 10 mg/L（涉磷企业为 2 mg/L）、2 级浓度限值为 4 mg/L（涉磷企业为 1 mg/L）、1 级浓度限值为 0.4 mg/L。从图 4-5 可见，污水治理设施投资成本高于 6 500 万元的企业，其总磷的排放浓度可达到或接近 1 级浓度限值，也有个别投资成本排后的企业可能由于废水性质和工艺选择的原因，对总磷也能达到很好的处理效果，2 家涉磷企业达到 1 级浓度限值，建设投资分别为 10 430 万元和 5 200 万元。所有调查的涉磷企业总磷排放可达到或接近 4 级浓度限值，但有 4 家非涉磷企业没有达到 4 级浓度限值，可能是由于非涉磷企业的废水处理对磷的去除不是很重视。68.2%的调查企业的废水处理前总磷负荷高于 10 mg/L，最高浓度高达 600 mg/L；31.8%的调查企业为 10 mg/L 以下，达到涉磷企业的 4 级排放标准。

（4）悬浮物

全国 36 家典型农药企业的悬浮物削减潜力分析有效样本数为 25 家，根据农药行业固定污染源污染物排放限值分级，污染物悬浮物的 5 级浓度限值为 400 mg/L，3 级浓度限值为 150 mg/L，2 级浓度限值为 50 mg/L。从图 4-6 可见，76.0%的调查企业的悬浮物排放浓度低于 2 级限值，高于 2 级浓度限值的企业投资成本排名靠后，所有调查企业的悬浮物排放可低于 4 级浓度限值。所有调查企业的废水处理前悬浮物负荷低于 500 mg/L；88.9%的调查企业低于 400 mg/L，达到 5 级排放标准。

4.2　高毒性废水达标判定技术研究

4.2.1　问题描述与研究意义

20 世纪 80 年代以后，水环境污染情况越发复杂，重金属、有机毒物引发的污染事故频繁发生，这些情况引起了国内外对水质生态、生物安全性的高度重视。其中，各类工业废水一直以来是自然环境中毒害污染物的主要来源。目前，我国工业废水排放的监督和管理主要采用物理化学监测方法，根据理化指标评价、计算污染物的等标污染负荷，并进行总量控制。我国已制定并不断更新了一系列工业废水污染物排放标准，如纺织染整、制浆造纸、农药制造和电镀等行业，这些工业废水排放标准在经济发展过程中对水质保护起到了重要作用。然而，这些标准主要集中在 COD、氨氮及少量污染物（如常见重金属）指标的控制上，所反映的只是废水中某一种或几种污染物的浓度水平及贡献量，并不能反映出废水排放到自然环境

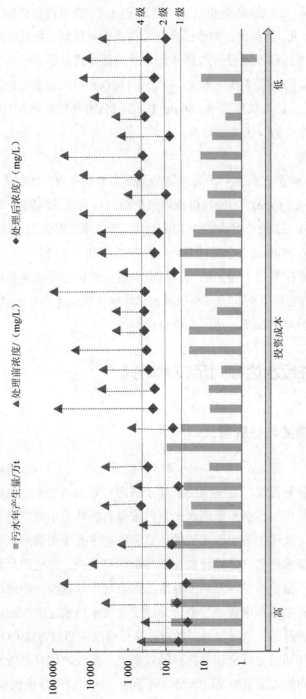

图 4-3　典型企业 COD 削减潜力分析

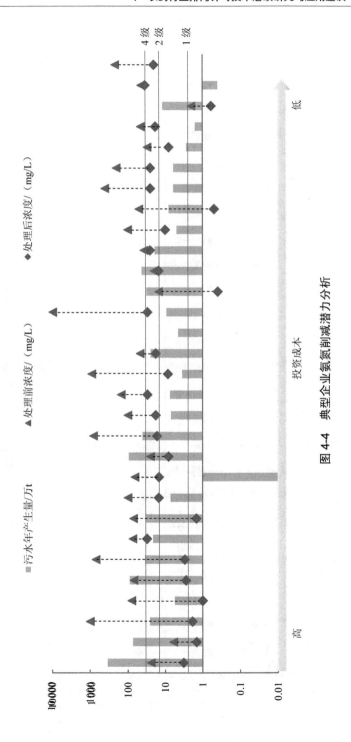

图 4-4 典型企业氨氮削减潜力分析

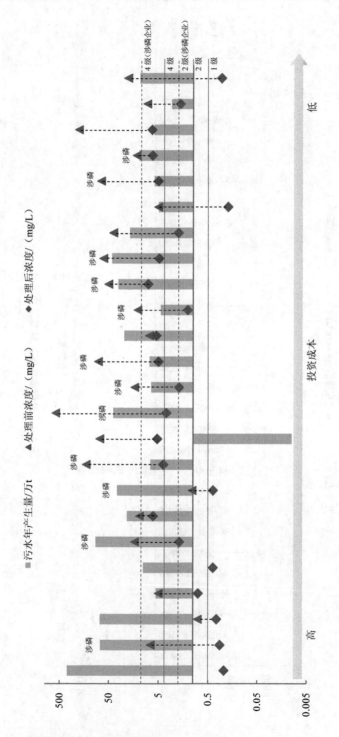

图 4-5　典型企业总磷削减潜力分析

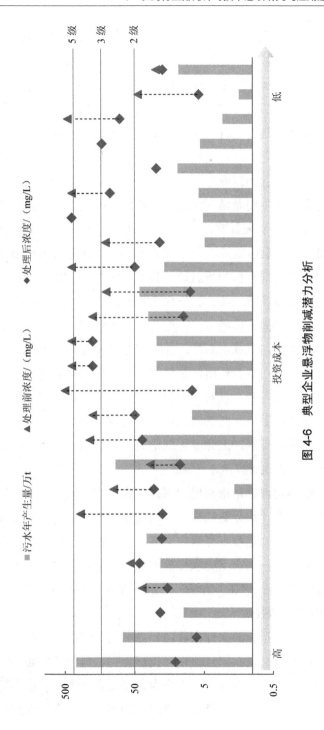

图 4-6　典型企业悬浮物削减潜力分析

中以后对生物的综合毒性大小。鉴于农药工业废水基质复杂，往往致毒物质并不一定都在监控范围之内，因而有必要进行废水综合毒性测试，鉴定致毒物质，采取措施降低废水排放对生物及生态系统的影响。

当前我国在排污许可制度中判定污染物排放是否达标，主要是从排放浓度和排放量两个角度进行考量的，而废水排放对于水质生态的影响则需通过进一步研究确定，从而支撑以控制单元水质目标管理为核心的精细化管理模式。目前，农药行业暂未发布行业污水排放标准，农药排污许可管控的废水污染因子主要是常规污染因子和特征污染因子，虽然主要综合性指标 COD、BOD_5 对表征有机污染的排放情况起到一定作用，但是仅控制现有指标仍具有局限性，其原因有以下几点：①即便 COD、BOD_5 浓度含量相似，但其中有毒有害物质组成差异大，毒性差异也很大；②废水中含有的有毒物质种类多样，成分之间还可能发生其他化学反应形成新的物质，许多特征性的组分尚无监测方法，通过有限的特定化学物质指标来管控有毒物质比较片面，而且成本高昂；③毒理学效应复杂，不同的有毒物质对生物的综合效应存在联合作用，化学物质还可能与水体基质间反应引起毒性效应变化。综上可知，仅对当前已知可测的常规污染因子和特征污染因子进行监测管控，不能判断其对水质生态的综合影响，废水即使达标排放仍可能表现出生物毒性，因此亟须制定有毒物质污染管控的综合指标，以确保更严密、有效地管控废水污染。

废水毒性鉴定评价是指利用一系列模式生物，采用标准化测试方法，以存活、生长发育等作为测试终点判断废水综合毒性，通过毒性测试与物理化学处理相结合确定废水有毒物质成分。发达国家或地区已先后建立了毒性鉴定评价方法，制定了废水排放的毒性标准，其中，美国国家环保局发布了毒性鉴定评价（TIE）方法、排水综合毒性（WET）法，我国目前应用较广的为稀释倍数法。

废水综合毒性指标的执行在我国仍处于初级阶段，不具备充足的监测能力基础，也暂未纳入我国排放标准指标体系，目前待发布的农药工业水污染物排放标准规定，指标本身不作为超标处罚依据，其检测超标时应加大对特征污染物、综合毒性指标本身的监测频次，综合毒性指标连续三次监测超标且其他理化控制指标均未超标时，应启动对排放废水的毒性分析，并基于分析结果采取有效的毒性削减措施。由于废水综合毒性基础研究数据缺乏，后续的标准体系、监管体系以及执法体系的构建进度滞后，亟须加大对综合毒性指标研究的投入，充分学习与借鉴国外先进经验，为完善我国的废水综合毒性体系提供坚实的技术支撑。

4.2.2 污水综合毒性的达标判定方法

1. 稀释倍数法

目前待发布的农药工业水污染物排放标准参考了德国、世界银行的限值，这个限值以稀释因子表示，取两者中相对宽松的作为标准限值，其基本原则是在一定的稀释倍数下观测不到对受试生物的显著影响。采用稀释倍数的方法在测试成本方面比较经济。

该标准选取了 4 种综合毒性指标，针对 4 种受试体（发光菌、藻类、大型溞、斑马鱼），覆盖了动物、植物和微生物等不同作用对象，均是基于国际通用的方法。一般情况下，对于除草剂（藻类毒性）、杀虫剂（大型溞、斑马鱼毒性）和杀菌剂（发光菌毒性）分别针对性地规定了测试方法。鱼类急性毒性限值为 2，溞类急性毒性限值为 8，藻类急性毒性限值为 16，细菌急性毒性限值为 32。

2. 排水综合毒性法

美国针对水样中有毒物质的综合危害效应提出了排水综合毒性（WET）指标，对水质管理的加强和水生生物的保护起到杰出作用，对我国管控水污染、加强水质管理中引入综合毒性指标和科学制定指标限值具有借鉴意义。WET 应用方法的具体流程如图 4-7 所示。

（1）确定受纳水体适用的基准与标准

根据美国发布的与制定受纳水体适用的基准与标准方法相关的一般性指导文件（TSD），WET 基准包括基准浓度、持续时间和频率，采用"毒性单位（TU）"表达浓度水平，分为急性毒性单位（TUa）和慢性毒性单位（TUc）。对于基准浓度，TSD 建议以 0.3 倍的 TUa 作为急性毒性水质基准，以 1 倍的 TUc 作为慢性毒性水质基准；对于持续时间，建议急性毒性持续时间采用 1 小时，慢性毒性持续时间采用 4 天；频率是指在满足水生生物安全性的条件下，水体 WET 可以超过基准的频率，美国国家环保局建议频率不能超过每三年一次。

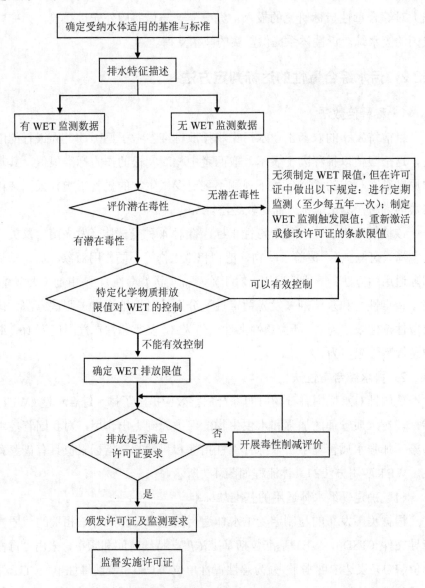

图 4-7　WET 应用方法流程

（2）排水特征描述

排水特征描述旨在评价排放废水是否存在潜在毒性，从而确定是否需要制定 WET 排放限值，分为两种情况：①若已有 WET 水质基准，则依据相应的 WET 标准值进行评定；②若没有 WET 水质基准，则采用叙述性描述作为评定标准，如"水体中不存在致毒剂量的有毒物质"。如果潜在毒性可能导致上述两种情况超标，或者对超标有贡献值，则需设定 WET 排放限值。在确定可以通过控制特定化学物质排放限值能够保证满足 WET 标准的情况下，无须设定 WET 排放限值。

（3）WET 排放限值计算

WET 排放限值包括 WET 日最大限值（MDL）和 WET 月平均限值（AML），限值的制定分为三步：①基于 WET 标准，依据物料平衡公式计算得出毒性污染负荷分配值（WLA）；②确定污染负荷长期平均值（LTA）；③根据 LTA计算 MDL 和 AML。

（4）毒性削减评价

当排放废水的 WET 值不能满足许可证要求时，找出废水中产生毒性的来源物质是有必要的，而后针对性地选取有效的治理工艺对毒性进行削减，即进行毒性鉴别评价（TIE）和毒性削减评价（TRE），前者识别产生毒性的物质，后者追踪其来源，并评价毒性控制方法和削减能力。TIE 主要包括三个阶段：①表征造成毒性成分的物理化学性质；②分离鉴别毒性物质；③确认可疑毒物确实是毒性原因。

完整的"第一阶段"需进行初始毒性试验、基线试验、pH 调节试验、pH 调节/过滤试验、pH 调节/曝气试验、pH 调节/C18SPE 试验、EDTA 添加试验、硫代硫酸钠添加试验和分级 pH 测试 9 类毒性试验。通过上述方法可去除或屏蔽某一类物质，结合处理前后生物毒性试验结果（毒性改变情况），可以初步判断出引起毒性的大致污染物类型（表 4-10）。

由于废水中的污染物成分复杂，许多已鉴别的化学品毒性数据通常无法获得，慢性数据尤其缺乏，化学成分间的相互作用（加和、协同、拮抗）未知，毒性无法与出水毒性进行比较。因此，建议首先寻找一种分离技术，将混合物简化为有毒和无毒的子样品，而不是花费时间研究无毒成分。

表 4-10   不同处理方式可处理的污染物类型

处理方式	污染物类型
pH 调节	氨氮、对 pH 敏感有机物、金属
过滤	金属、非极性有机物、挥发性物质
曝气	挥发性、可降解或易被氧化物质
C18 固相萃取	非极性有机物、金属
EDTA 添加	金属
硫代硫酸钠添加	金属、一些氧化剂（如用于消毒的臭氧、氯等）
分级 pH 测试	对 pH 敏感有机物

　　"第二阶段"主要针对"第一阶段"的 4 类污染物——非极性有机化合物、氨氮、金属和氯进行分析。对于非极性有机化合物，使用固相萃取柱从样品中提取，然后用极性越来越小的溶剂/水混合物洗脱，分成若干组分，对每一组分分别进行毒性测试，浓缩具有毒性的部分，使用反相高效液相色谱（HPLC）进行色谱分离，浓缩后进行毒性测试和气相色谱-质谱（GC-MS）分析。除了测量流出物中的氨氮，还可以使用 3 个程序来测量氨氮：①通过酸碱调节、CO_2 调节、使用标准缓冲溶液进行分级 pH 试验；②使用沸石树脂除去氨氮；③在高 pH（pH=11）下从样品中气提氨氮。对于沸石树脂法和气提法，需对整个废水和后处理样品进行毒性试验和氨氮测量。对于金属，可使用火焰原子吸收（AA）、电感耦合等离子体发射光谱（ICP-AES）和电感耦合等离子体质谱（ICP-MS）分析测定。当废水中存在除氯以外的氧化剂时，通过添加硫代硫酸钠去除毒性并不能证明氯是废水样品毒性的原因。当其加入废水中时，分子氯或次氯酸盐分解成游离水氯、次氯酸和次氯酸盐离子。氯也可以与氨结合形成氯胺，即一氯胺、二氯胺和三氯胺，并且与有机化合物，特别是有机氮结合。测量的废水总残留氯（TRC）是自由形式和上述混合形式的浓度之和，不同形式的组合氯对毒性具有不同的影响浓度。目前测定 TRC 的方法并不是氯特异性的，其他氧化剂，如溴、碘、过氧化氢和臭氧等，会通过测定 TRC 的分析方法被量化为氯，提供氯的假阳性。

　　由于在前两个阶段的废水处理操作中，毒性原因可能会有导致错误结论的人为现象，因此"第三阶段"应避免或尽量减少对废水的操作。在"第三阶段"，为了确认各化合物在总毒性效应中的贡献率，可采取相关性分析法、可疑致毒物质添加法、不同物种的敏感度比较、症状观察和生物标志物法等方法。

4.3 排污许可证证后监管技术的应用

4.3.1 农药行业排污许可证的申请与核发规范性核查方法

1. 材料的完整性审核

完整的申报材料应包括排污许可证申请表、守法承诺书、申请前信息公开情况说明表、附图（生产工艺流程图和平面布置图）和相关附件等材料。

2. 材料的规范性审核

（1）申请前信息公开情况说明表

①信息公开时间应不少于 5 个工作日。

②信息公开内容应符合《排污许可证管理暂行规定》要求。

③申请前信息公开情况说明表应填写完整，包括信息公开的起止时间和方式。

④署名应为法人，且应与排污许可证申请表、守法承诺书等保持一致。有法人的要填写法人，对于没有法定代表人的企事业单位，如个体工商户、私营企业等，可以由实际负责人签字。此外，对于集团公司下属不具备法人资格的独立分公司，也可以由实际负责人签字。

⑤申请前信息公开期间收到的意见应进行逐条答复，如无反馈意见则填写"无反馈意见"。

（2）守法承诺书

①守法承诺书应符合《排污许可证管理暂行规定》的要求，按照平台下载的样本填写，不得删减。

②守法承诺书样本可在国家排污许可信息公开系统下载。

③注意法人代表签字是否为本人，对于没有法定代表人的企事业单位，

可以由实际负责人签字。

（3）排污许可证申请表

排污许可证申请表主要核查企业的基本信息，主要生产装置、产品及产能信息，主要原辅料及燃料信息，生产工艺流程图，厂区总平面布置图，废气、废水等产排污环节，排放污染物种类及污染治理设施信息，执行的排放标准，许可排放浓度和排放量，申请排放量限值计算过程，自行监测及记录信息，环境管理台账记录，等等。

①排污单位基本信息表

填写重点区域的，应结合生态环境部相关公告核实是否执行特别排放限值；通过企业投产时间核实该企业是否为现有源；原则上，企业应具备环评批复或认定备案文件，如两者全无，应核实企业具体情况；污染物总量控制要求应具体到污染物类型及其指标，同时应与后续许可量计算过程及许可量申请数据进行对比，按技术规范确定许可量。

②主要产品及产能信息表

主要生产单元、生产工艺及生产设施按 HJ 862—2017 填报，不应混填，如有必填项则必须填写。其中，属于 HJ 862—2017 中必填的主要工艺、生产设施、设施参数（HJ 862—2017 表 1）、产品名称、生产能力和设计年生产时间，应根据环评文件及批复、地方认定（备案）文件确定。对于排污单位的非农药及农药中间体产污设施和排放口，注意填报时行业类别选择正确，按照对应行业技术规范或者《排污许可证申请与核发技术规范　总则》（HJ 942—2018）执行。

③主要原辅料及燃料信息表

原料、辅料、燃料名称和年最大使用量等信息应按 HJ 862—2017 填写完整；应特别关注原辅料（特别是有机溶剂）的纯度是否填写，原辅料种类和燃料的成分将与后续确定的排放因子密切相关。注意 HJ 862—2017 中有毒有害成分占比是指煤中的汞含量，原料和辅料中铅、镉、砷、镍、汞、铬的含量（质量比）。单纯的农药混合与分装制剂企业需填报所有原料药作为制剂的原料。

④废气产排污节点、污染物及污染治理设施信息表

产排污环节：应按照 HJ 862—2017 将产排污环节填写正确、完整。农药企业废气产排污环节包括产品生产线单元（主要工艺有备料、反应、发酵、精制/溶剂回收、分离、干燥、制剂加工）及公用单元（主要工艺有物料储存系统、输送系统、供热系统、废水处理系统、固体废物处理处置系统）对应的生产设施所产生的各类废气。

污染物种类：应按照 HJ 862—2017 将各产排污环节的污染物填写正确、完整。农药制造工业排污单位污染物种类依据 GB 13271—2014、GB 14554—1993、GB 16297—1996 和 GB 18484—2020 确定，有地方排放标准要求的，按照地方排放标准确定。应特别注意：以非甲烷总烃综合表征的 VOCs 是否漏填，特征污染物是否漏填；燃烧法工艺废气中的 SO_2 和 NO_x 是否漏填；燃烧废气中的二噁英是否漏填；危险废物焚烧炉废气中的重金属等特征污染物是否漏填；运用生化处理系统的废水处理废气中的硫化氢、氨及臭气浓度等污染物是否漏填。

排放形式：根据不同设施产生污染物的排放形式，选择有组织排放或无组织排放填报。有组织排放需至少填写除"其他信息"外的全部信息；无组织排放需要填报污染治理设施与工艺，需至少填写除"有组织排放口编号""排放口设置是否符合要求""排放口类型""其他信息"外的全部信息。

污染治理设施：应按照 HJ 862—2017 正确填写污染治理设施名称与工艺，对照污染防治可行技术要求检查企业所采用的污染治理技术是否为可行技术。仅当所有污染物均采用可行技术时，才能在"是否为可行技术"处选择"是"，反之应填写"否"，且注明哪几种污染物采用了可行技术。对于未采用最佳可行技术的污染控制环节应填写"否"，并提供相关证明材料。

排放口类型：工艺废气排放口（备料、反应、精制/溶剂回收、分离、干燥工艺对应的生产设施废气排放口）、发酵废气排放口（发酵工艺对应的生产设施废气排放口）、供热系统烟囱和危险废物焚烧炉烟囱为主要排放口，制剂加工废气排放口、罐区废气排放口、废水处理站废气排放口和危险废物暂存废气排放口等为一般排放口。

⑤废水类别、污染物及污染治理设施信息表

废水类别：应按照 HJ 862—2017 将废水类别填写完整；污染治理设施相同的废水可合并填报，污染治理设施不同的废水需单独填报。

污染物种类：对于排放 GB 8978—1996 中的一类污染物及 GB 21523—2008 中的莠去津、氟虫腈的企业，需设置车间或生产设施废水排放口，并填报车间处理设施/工艺；企业的生产废水（包括各反应、精制/溶剂回收、分离阶段产生的水相母液等工艺废水，催化剂载体、吸附剂、各类工艺设备和材料的洗涤水，地面冲洗废水及真空废水等）、辅助生产工序排水（包括循环冷却水系统排水、去离子水制备过程排水、锅炉排水、热电锅炉等辅助设备冷凝水等）、生活污水、初期雨水中的污染物种类依据 GB 8978—1996、GB 21523—2008 确定，有地方排放标准要求的，按照地方排放标准确定。排污单位应根据原辅料和生产工艺、环境影响评价文件及批复等相关管理规定，从 HJ 862—2017 所列污染物中选取纳入排污许可管理的污染物。特别需要注意：执行 GB 21523—2008 的杂环类农药生产企业，按照标准要求还需填报特征因子。

排放去向：对照 HJ 862—2017 核实企业所填报的废水去向是否正确。对于工艺、工序产生的废水，"不外排"是指全部在工序内部循环使用；"排至厂内综合污水处理站"是指工序废水经处理后排至综合处理站，而非最终向外排放。对于综合污水处理站，"不外排"是指全厂废水经处理后全部回用不排放。应核实对于废水排放去向选择"不外排"的废水类别是否仍填写了排放规律，若选择"不外排"则应将排放规律改为"/"。另外需要注意：排至综合处理站的废水如果后续向厂外排放，其污染物项目应全部在外排废水中体现，否则在后续废水污染物排放执行标准表中会缺少管控污染物项目。

污染治理设施：应按照 HJ 862—2017 正确填写污染治理设施名称与工艺，对照污染防治可行技术要求检查企业所采用的污染治理技术是否为可行技术。对于未采用最佳可行技术的废水治理措施应填写"否"，并提供相关证明材料。

⑥大气排放口基本情况表

核实所有具有编号的排放口信息是否完整，污染物种类和数量是否符合 HJ 862—2017 的要求；注意核查单位排气筒高度是否符合标准要求。

⑦废气污染物排放执行标准表

审查每个排放口对应的污染物种类、执行标准名称、浓度限值填报是否完整、准确；执行 GB 8978—1996 和 GB 14554—1993 的污染物，除填报许可排放浓度外，还需填报排放速率要求。对于 2015 年 1 月 1 日（含）以后取得环评批复的企业，应在"环境影响评价批复要求"中填报环评及批复的浓度限值。

⑧大气污染物有组织排放表

主要排放口的 SO_2、NO_x、PM 和 VOCs（以非甲烷总烃综合表征）申请许可排放量，主要排放口的其他污染物以及一般排放口和无组织污染物只申请许可排放浓度，无须申请许可排放量；如政府对重污染天气应对期有要求的，需在申请特殊排放浓度限值、特殊时段许可排放量限值时填写。

⑨大气污染物无组织排放表

无组织排放源的污染治理措施的填写应符合实际，标准填写应明确；审核无组织排放污染物的种类、限值是否满足企业厂界控制标准。

⑩废水直接排放口基本情况表

主要审核排放口的地理坐标、排放去向、排放规律和进入自然水体的信息是否填报完整。对于车间或生产设施排放口，可不填写受纳水体信息，但要有地理坐标，以便于后续管理。

⑪废水间接排放口基本情况表

审核废水总排放口的地理坐标、排放去向、排放规律和受纳污水处理厂名称等是否填报完整。间接排放废水应写明受纳污水处理厂执行的外排浓度限值。

⑫废水污染物排放执行标准表

审核污染物种类、执行标准名称、浓度限值是否填报完整。对于直接排放，需注意地方排放标准；对于间接排放，只有执行 GB 21523—2008 的杂环类农药企业可以与污水处理厂协定排放浓度，其余均按标准确定。需特别注意：一类污染物及莠去津和氟虫腈一律在车间或生产设施排放口，且无论直接排放还是间接排放，排放标准限值相同。

⑬废水污染物排放表

一般对 COD 和氨氮申请许可排放量；申请的许可排放量应按照 HJ 862—2017 的要求取严；计算过程中的参数选取严格按照 HJ 862—2017 的要求。

⑭自行监测及记录信息表

监测因子数量、监测方式及最低监测频次应符合 HJ 862—2017 的要求。关注废水总排放口和车间或生产设施排放口的监测内容是否包括流量，燃烧类废气是否监测氧含量、烟气流速、烟气温度、烟气含湿量，非燃烧类废气是否监测烟气流速、烟气温度、烟气含湿量。需特别注意：自行监测既包括有组织监测，又包括厂界监测。

⑮环境管理台账信息表

应按照 HJ 862—2017 的要求填报环境管理台账记录内容和频次等信息，主要包括以下内容：

• 生产设施运行管理信息

农药制造工业排污单位应定期记录生产运行状况并留档保存，应按生产批次至少记录正常工况下各主要生产单元每项生产设施的运行状态，生产负荷，产品产量，原辅料和燃料使用情况，运行参数等数据。

运行状态：运行时间是否按照生产要求正常运行。

生产负荷：各生产单元实际产品产量与设计生产能力之比，设计生产能力取最大设计值。

产品产量：各生产单元产品产量及最终产品（含副产品）产量。

原辅料和燃料使用情况：种类、名称、用量、有毒有害元素成分及占比。

运行参数：各生产单元运行过程中的压力、温度。

• 原辅料和燃料采购信息

农药制造工业排污单位应填写原辅料采购量、纯度、运输和卸料方式、来源地、是否有毒有害和储存位置等信息。燃料应记录采购量、使用量、来源地和燃料物质（元素）占比情况信息。

- 污染治理设施运行管理信息

农药制造工业排污单位记录污染治理设施运行管理信息应至少包括以下内容：有组织、无组织废气以及废水污染治理设施名称及工艺，污染治理设施编号，对应生产设施名称及编号，污染因子，治理设施规格参数，风机负荷，对应生产设施生产负荷和运行参数。

对于有组织废气治理设施运行参数，应至少记录以下内容：冷凝法，填写冷凝介质、温度、冷凝面积，如有多级冷凝，各级冷凝应分别填写冷凝液去向；吸附吸收法，填写吸附单元压力、吸收剂名称、用量、循环使用量、更换频次及吸附剂或吸收液去向；燃烧法，填写燃烧温度、停留时间、烟气量、温度、原烟气 SO_2 浓度、净烟气 SO_2 浓度、原烟气 NO_x 浓度、净烟气 NO_x 浓度、原烟气和净烟气中特征污染物浓度，使用催化燃烧的应填写催化剂种类、使用量和更换频次及去向；袋式除尘器，填写除尘器进出口压差、过滤风速、风机电流、实际风量；静电除尘器，填写二次电压、二次电流、风机电流、实际风量；电袋复合除尘器，填写除尘器进出口压差、过滤风速、风机电流、二次电压、二次电流、风机电流、实际风量；湿法除尘，填写洗涤液用量；脱硫系统，填写烟气量、原烟气 SO_2 浓度、净烟气 SO_2 浓度、脱硫剂用量、脱硫副产物产量；脱硝系统，填写烟气量、原烟气 NO_x 浓度、净烟气 NO_x 浓度、脱硝剂用量。

对于无组织废气治理设施运行参数，应至少记录以下内容：检查密闭情况、是否出现破损、集气设备运行情况、集气压力、风机风量、泄漏检测与修复情况。

对于废水治理设施运行参数，应按批次至少记录以下内容：实际处理量、实际进水水质、实际出水水质、污泥产生量、实际停留时间、药剂投加种类和药剂投加量等信息。

- 非正常工况记录信息

非正常工况信息应按工况期记录，每个工况期记录 1 次，记录内容为生产设施与污染治理设施非正常（停运）时刻、恢复（启动）时刻、事件原因、是否报告和应对措施等。

- 监测记录信息

有组织废气和废水监测记录信息包括监测时间、排放口编码、污染因子、监测设施、许可排放浓度限值、浓度监测结果、是否超标和数据来源等；无组织废气监测记录信息包括监测时间、监测点位或设施、污染因子、许可排放浓度限值、浓度监测结果、是否超标和数据来源等。

- 其他环境管理信息

排污单位应记录重污染天气应对期间等特殊时段管理要求、执行情况（包括特殊时段生产设施和污染治理设施运行管理信息）等。重污染天气应对期间等特殊时段的台账记录要求与正常生产记录频次要求一致，地方生态环境主管部门有特殊要求的，按其规定。排污单位还应根据环境管理要求和排污单位自行监测记录内容需求进行增补记录。台账应当按照电子化储存和纸质储存两种形式同步管理，档案保存时间原则上不低于 3 年。

⑯许可排放量计算

许可排放量计算过程应清晰完整，且应列出不同计算方法及取严过程。按照 HJ 862—2017 计算时，计算方法及参数选取应符合该规范要求，并详细列出计算公式、各参数选取原则及选取值、计算结果；明确给出总量指标的来源及具体数值、环评文件及其批复要求（环评文件及其批复中的排水量、排污量可作为计算依据），最终按取严原则确定申请的许可排污量。对于间接排放废水的排污单位，应注意其已有 COD、氨氮等总量控制要求是否为企业最终外排总量，注意与接管排放量区分，接管排放量与最终外排量之间不再取严；对于排污单位自愿采取更低排放要求申请许可排放浓度和许可排放量的（如排污单位自愿采用超低排放要求作为申请许可排放浓度和许可排放量的依据），应进行核实，并告知生态环境部门及排污单位利弊关系。

（4）附图

工艺流程图与总平面布置图要清晰可见、图例明确，且不存在上下左右颠倒的情况；厂区总平面布置图应标明主要生产单元名称、位置，有组织排放源、废水排放口位置，厂区雨水、污水集输管道走向及排放去向，初期雨水池、废水应急事故池位置等。工艺流程和排污节点图应标明主要生产单元名称、主要物料走向等。

（5）附件

应提供承诺书、信息公开情况说明表及其他必要的说明材料；许可排放量计算过程应详细、准确，计算方法及参数选取符合规范要求；对于企业自愿采取更低排放要求申请许可排放浓度和许可排放量的（如企业自愿采用超低排放要求作为申请许可排放浓度和许可排放量的依据），应进行核实，并告知生态环境部门及企业利弊关系。

4.3.2 农药行业排污许可证的现场检查方法

1. 废水排放合规性执法检查

（1）排放口合规性检查

检查内容：废水排放口基本情况，包括排放口的位置和数量、污染物排放方式和排放去向等。

检查重点：所有生产废水和生活污水的排放方式、排放口地理坐标、排放去向、排放规律和受纳自然水体信息；单独排入城镇集中污水处理设施的生活污水仅检查去向；初期雨水收集设施应检查雨水排放口排放去向。

检查方法：以核发的排污许可证为基础，现场核实排放去向、排放规律、受纳自然水体信息与排污许可证许可事项的一致性，对排放口设置的规范性进行检查。

①排放去向：通过实地察看排放口确定排放去向、受纳水体与排污许可证许可事项的相符性，检查是否有通过未经许可的排放口排放污染物的行为。对采用间接方式排放的企业，可通过检查与下游污水处理单位协议等文件进行核实。发现废水排放去向与排污许可证规定不相符的，需立即开展调查并根据调查结果进行执法。

②排放口：根据《排污口规范化整治技术要求（试行）》，对排放口设置的规范性进行检查，主要要求如下：

- 合理确定污水排放口位置。按照《固定污染源监测点位设置技术规范》（DB 11/1195—2015）设置采样点，如工厂总排口、排放一类污染物的车间排放口、污水处理设施的进水口和出水口等。应设置规范的便于测量流量、流速的测流段。列入重点整治的污水排放口应安装流量计,一般污水排污口可安装三角堰、矩形堰和测流槽等测流装置或其他计量装置。

- 开展排放口(源)规范化整治的单位,必须使用由原国家环境保护局统一定点制作和监制的环境保护图形标志牌;环境保护图形标志牌设置位置应为距污染物排放口(源)或采样点较近且醒目处,并能长久保留;一般性污染物排放口(源)设置提示性环境保护图形标志牌,排放剧毒、致癌物及对人体有严重危害物质的排放口(源)应设置警告性环境保护图形标志牌。

- 各级生态环境部门和排污单位均需使用由原国家环境保护局统一印制的"中华人民共和国规范化排污口标志登记证",并按要求认真填写有关内容。登记证与标志牌配套使用,由各地生态环境部门签发给有关排污单位。

- 规范化整治排污口的有关设施(如计量装置、标志牌等)属环境保护设施,各地生态环境部门应按照有关环境保护设施监督管理规定加强日常监督管理,排污单位应将环境保护设施纳入本单位设备管理,制定相应的管理办法和规章制度。

地方生态环境部门针对排污口规范化整治有进一步要求的,按照地方生态环境部门的要求执行。

(2)排放浓度与许可浓度一致性检查

①检查采取污染治理措施情况

检查重点:是否采取了污水处理措施,核实产排污环节对应的废水污染治理设施编号、名称,其工艺是否为可行技术。

检查方法:在检查过程中以核发的排污许可证为基础,现场检查废水污染治理设施的名称、工艺等与排污许可证登记事项的一致性。对废水污染治理措施是否属于可行技术进行检查,利用可行技术判断企业是否具备符合规定的防治污染设施或污染物处理能力。在检查过程中发现废水污染治理措施不属于可行技术的,需在后续的执法中关注排污情况,重点对达标情况进行检查。农药行业废水污染防治可行技术可参照 HJ 862—2017 中的表 10。

②检查污染治理设施运行情况

检查重点：各污染治理设施是否正常运行。

检查方法：对废水产生量及其与污水处理站进水量、排水量的一致性进行检查。现场检查污染治理设施的运行台账，如用电量记录，絮凝剂等试剂购买、使用消耗记录；核对药剂的使用量；对废水处理量与耗电量的相关性进行检查；现场检查污染治理设施的维修记录。在检查过程中发现废水产生量低于最低排水量或与污水处理站进水量不一致的，污水处理站进水量与排水量不一致的，废水处理量与耗电量相关性曲线波动不在正常范围的，需要重点检查是否存在利用暗管、渗井、渗坑、灌注、篡改、伪造监测数据，不正常运行防治污染设施等逃避监管的方式违法排放污染物的情况。对治理措施工艺参数或处理设备表观状态进行检查。在检查过程中发现废水治理措施工艺参数不相符或处理设备表观状态不正常的，在后续的执法中需对达标情况进行重点检查。

③检查污染物排放浓度满足许可浓度要求情况

检查重点：各排放口的 COD、氨氮等污染物浓度是否低于许可排放浓度限值要求。

检查方法：排放浓度以资料检查为主，根据剔除异常值的自动监测数据、执法监测数据及企业自行开展的手工监测数据判断。手工监测数据与自动监测数据不一致的，以符合法定监测标准和监测方法的手工监测数据作为优先判断依据。对于有疑义或根据需要进行执法监测的，执法监测过程中的即时采样可以作为执法依据。对于未要求采用自动监测的排放口或污染物应以手工监测为准，同一时段有执法监测的以执法监测为准。

- 自动监测：利用按照监测规范要求获取的自动监测数据计算得到有效日均浓度值，再与许可排放浓度限值进行对比，超过许可排放浓度限值的即视为超标。对于自动监测，有效日均浓度是对应于以每日为一个监测周期内获得的某种污染物的多个有效监测数据的平均值。在同时监测污水排放流量的情况下，有效日均值是以流量为权的某种污染物的有效监测数据的加权平均值；在未监测污水排放流量的情况下,有效日均值是某种污染物的有效监测数据的算术平均值。自动监测的有效日均浓度应根据 HJ 356—2019、HJ 355—2019 等相关文件确定。这些技术规范修订后,按其现行修订版执行。

- 执法监测:按照监测规范要求获取的执法监测数据超标的,即视为超标。根据 HJ/T 91—2002 确定监测要求。若同一时段的现场监测数据与在线监测数据不一致,现场监测数据符合法定的监测标准和监测方法的,以该现场监测数据作为优先证据使用。

- 手工自行监测:按照自行监测方案、监测规范要求开展的手工监测,当日各次监测数据平均值(或当日混合样监测数据)超标的,即视为超标。超标判定原则同执法监测。

(3)实际排放量与许可排放量一致性检查

检查内容:污染物实际排放量。

检查重点:COD、氨氮和总磷的实际排放量是否满足年许可排放量要求。

检查方法:实际排放量为正常和非正常排放量之和,核算方法包括实测法(分自动监测和手工监测)、物料衡算法、产排污系数法。正常情况下,对于应采用自动监测的排放口和污染因子,根据符合监测规范的有效自动监测数据核算实际排放量;对于应当采用自动监测而未采用的排放口或污染因子,采用产污系数法核算实际排放量,且均按直接排放进行核算;对于未要求采用自动监测的排放口或污染因子,按照优先顺序依次选取符合国家有关环境监测、计量认证规定和技术规范的自动监测数据、手工监测数据进行核算,若同一时段的手工监测数据与执法监测数据不一致,以执法监测数据为准。非正常情况下,废水污染物在核算时段内的实际排放量采用产污系数法核算污染物排放量,且均按直接排放进行核算。农药工业排污单位如含有适用其他行业排污许可技术规范的生产设施,废水污染物的实际排放量采用实测法核算时,按本核算方法核算;采用产排污系数法核算时,实际排放量为涉及的各行业生产设施实际排放量之和。

①正常情况:采用实测法,即通过实际废水排放量及其所对应污染物

排放浓度核算污染物排放量，适用于具有有效自动监测或手工监测数据的排污单位。

- 采用自动监测系统监测数据核算

可以获得有效自动监测数据的，采用自动监测数据核算污染物排放量。污染源自动监测系统及数据需符合《水污染源在线监测系统（COD_{Cr}、$NH_3\text{-}N$）运行技术规范》（HJ 353—2019）、《水污染源在线监测系统（COD_{Cr}、$NH_3\text{-}N$）验收技术规范》（HJ 354—2019）、HJ 355—2019、HJ 356—2019、《固定污染源监测质量保证与质量控制技术规范（试行)》（HJ/T 373—2007)、《环境监测质量管理技术导则》（HJ 630—2011）、HJ 862—2017 和排污许可证等的要求，根据符合监测规范的可以获得有效自动监测数据的污染物的日平均排放浓度、日平均流量、运行时间核算污染物年排放量，核算方法如下：

$$E_j = \sum_{i=1}^{h}(C_{i,j} \times Q_i) \times 10^{-6} \tag{4-1}$$

式中，E_j——核算时段内主要排放口 j 项污染物的实际排放量，t；

$\quad\quad C_{i,j}$——j 项污染物在第 i 日的实测平均排放浓度，mg/L；

$\quad\quad Q_i$——第 i 日的平均流量，m^3/d；

$\quad\quad h$——核算时段内的污染物排放时间，d。

- 采用手工监测数据核算

无有效自动监测数据或某些污染物无自动监测时，可采用手工监测数据进行核算。监测频次、监测期间生产工况、数据有效性等需符合 HJ/T 91—2002、《水污染物排放总量监测技术规范》（HJ/T 92—2002）、HJ/T 373—2007、HJ 630—2011、HJ 862—2017 和排污许可证等的要求。手工监测数据包括核算时段内的所有执法监测数据和排污单位自行监测的有效手工监测数据，排污单位自行监测的手工监测频次、监测期间生产工况、数据有效性等需符合相关规范要求。手工监测核算方法如下：

$$E_j = \sum_{i=1}^{n}(C_{i,j} \times Q_i \times h) \times 10^{-6} \tag{4-2}$$

式中，E_j —— 核算时段内主要排放口 j 项污染物的实际排放量，t；

$C_{i,j}$ —— 第 i 监测频次时段内 j 项污染物实测平均排放浓度，mg/L；

Q_i —— 第 i 监测频次时段内采样当日的平均流量，m^3/h；

h —— 第 i 监测频次时段内污染物排放时间，d；

n —— 核算时段内实际手工监测频次，次。

②特殊情况：未按技术规范要求的监测方式或监测频次，按直排法进行实际排放量核算，具体计算方法如下：

$$E = S \times G \times 10^{-6} \qquad (4\text{-}3)$$

式中，E —— 核算时段内主要排放口某项水污染物的实际排放量，t；

S —— 核算时段内实际产品产量，t；

G —— 主要排放口某项水污染物的产污系数，g/t 产品。

2. 废气排放合规性执法检查

（1）排放口（源）合规性检查

检查内容：废气排放口基本情况，包括有组织排放口数量、地理坐标、高度、内径和排放污染物种类等。

检查重点：工艺/发酵废气排放口，供热系统排放口，危险废物焚烧炉排放口，排放污染物的种类、方式。

检查方法：以核发的排污许可证为基础，现场核实排放口数量、地理坐标、高度、内径、排放污染物种类与许可要求的一致性，对排放口设置的规范性进行检查。

①污染物种类：农药企业废气排放口及污染因子参照表 3-6 进行检查。

②排放口：根据《排污口规范化整治技术要求（试行）》进行检查，主要要求如下：

- 排气筒应设置便于采样、监测的采样口。采样口的设置应符合 DB 11/1195—2015 的要求。采样口位置无法满足规范要求的，其监测位置由当地环境监测部门确认。无组织排放的有毒有害气体，应加装引风装置进行收集、处理，并设置采样点。

- 开展排放口（源）规范化整治的单位，必须使用由原国家环境保护局统一定点制作和监制的环境保护图形标志牌；环境保护图形标志牌设置位置应为距污染物排放口（源）或采样点较近且醒目处，并能长久保留；一般性污染物排放口（源）设置提示性环境保护图形标志牌，排放剧毒、致癌物及对人体有严重危害物质的排放口（源）应设置警告性环境保护图形标志牌。

- 各级生态环境部门和排污单位均需使用由原国家环境保护局统一印制的"中华人民共和国规范化排污口标志登记证"，并按要求认真填写有关内容。登记证与标志牌配套使用，由各地生态环境部门签发给有关排污单位。
- 规范化整治排污口的有关设施（如计量装置、标志牌等）属环境保护设施，各地生态环境部门应按照有关环境保护设施监督管理规定加强日常监督管理，排污单位应将环境保护设施纳入本单位设备管理，制定相应的管理办法和规章制度。

地方生态环境部门针对排污口规范化整治有进一步要求的，按照地方生态环境部门要求执行。

（2）排放浓度与许可浓度一致性检查

①检查采取污染治理措施情况

检查重点：是否采取了废气治理措施，核实产排污环节对应的废气污染治理设施编号、名称，其工艺是否为可行技术。

检查方法：在检查过程中以核发的排污许可证为基础，现场检查工艺/发酵废气排放口、供热系统排放口、危险废物焚烧炉排放口的废气污染治理设施名称、工艺等与排污许可证登记事项的一致性。对废气污染治理措施是否属于污染防治可行技术进行检查，利用可行技术判断企业是否具备符合规定的防治污染设施或污染物处理能力。在检查过程中发现废气污染治理措施不属于可行技术的，需在后续的执法中关注排污情况，重点对达标情况进行检查。农药行业废气污染防治可行技术参照 HJ 862—2017 中的表9。

②检查污染治理措施运行情况

检查重点：各废气污染治理设施是否正常运行，以及运行和维护情况。

检查方法：对于工艺/发酵废气排放口，通过除尘设施进出口烟尘浓度计算去除效率；查阅中控系统及台账记录，检查静电除尘器电压、电流是否有异常波动，异常波动是否有正当理由并在台账中予以记录；查阅中控系统及台账记录，检查布袋除尘器压差、喷吹压力是否有异常波动，异常波动是否有正当理由并在台账中予以记录；现场查阅记录或现场质询异常波动原因，如无正当理由，则基本可以判定设施不正常运行；通过察看烟囱出口处是否有明显可见烟，判断滤袋是否有破损（新滤袋尚未进入除尘稳定期时也会出现可见烟问题，应排除）；在车间内部观察是否有 VOCs 收集处理设施，包括有效的废气捕集装置、冷凝器等。对于锅炉和危险废物焚烧炉，通过烟囱处的烟气温度判断旁路是否完全关闭；通过治理设施进、出口的 SO_2 浓度、NO_x 浓度、PM 浓度（烟尘）3 个污染物参数和对应的湿基流量（包含流速、温度、压力 3 个排放参数）以及换算干基用的含氧量（O_2）、湿度（RH）2 个参数，计算脱硫、除尘、脱硝效率，根据计算结果判定其是否符合常规情况并达到设计去除效率；查阅脱硫剂台账，核实使用量是否合理，判断脱硫系统风机电流是否大于空负荷电流；查阅中控系统及台账记录，检查静电除尘器电压、电流是否有异常波动，异常波动是否有正当理由并在台账中予以记录，现场查阅记录或现场质询异常波动原因，如无正当理由，则基本可以判定设施不正常运行，判断运行电场数量的比例是否正常；查阅中控系统及台账记录，检查布袋除尘器压差、喷吹压力是否有异常波动，异常波动是否有正当理由并在台账中予以记录，现场查阅记录或现场质询异常波动原因，如无正当理由，则基本可以判定设施不正常运行；通过察看烟囱出口处是否有明显可见烟，判断滤袋是否有破损（新滤袋尚未进入除尘稳定期时也会出现可见烟问题，应排除）；察看烟温是否达脱硝反应窗口温度，烟温低于催化剂要求时无法保证脱硝效率，脱硝设施氨的逃逸率是否低于 3 ppm；检查正常工况下实际喷氨量与设计喷氨量是否大致一致，判定脱硝设施是否正常运行；检查脱硝设施运行参数的逻辑关系是否合理，在入口 NO_x 变化不大的情况下还原剂流量与出口 NO_x 浓度呈反向关系，负荷较低、烟温达不到脱硝反应窗口温度时时间段曲线中出口 NO_x 浓度是否与入口浓度基本一致（由于还原剂停止加入，出口 NO_x 浓度会逐步上升至与入口 NO_x 浓度一致），通过分散控制系统（DCS）实时数据和历史曲线判别还原剂流量、稀释风机或稀释水泵电流是否正常；检查危险废物焚烧炉是否满足排放标准中的控制要求。

③检查污染物排放浓度满足许可浓度要求情况

检查重点：各主要排放口和一般排放口 PM、SO_2、NO_x、VOCs 和特征污染物等污染物浓度是否低于许可限值要求。

检查方法：排放浓度以资料检查为主，根据剔除异常值的自动监测数据、执法监测数据及企业自行开展的手工监测数据进行判断。若同一时段的手工监测数据与自动监测数据不一致，以符合法定监测标准和监测方法的手工监测数据作为优先判断依据。对于有疑义或根据需要进行执法监测，执法监测过程中的即时采样可以作为执法依据。对于未要求采用自动监测的排放口或污染物，应以手工监测为准，同一时段有执法监测的以执法监测为准。

- 一般情况：农药企业各废气排放口污染物的排放浓度达标是指任一小时浓度均值均满足许可排放浓度要求。各项废气污染物小时浓度均值根据自动监测数据和手工监测数据确定。自动监测小时均值是指整点 1 小时内不少于 45 分钟的有效数据的算术平均值。按照 GB/T 16157—1996 和 HJ/T 397—2007 中的相关规定，手工监测小时均值是指 1 小时内等时间间隔采样 3～4 个样品监测结果的算术平均值。对于农药企业的污染因子，按照剔除异常值的自动监测数据、执法监测数据及企业自行开展的手工监测数据作为达标判定依据。若同一时段的手工监测数据与自动监测数据不一致，手工监测数据符合法定的监测标准和监测方法的，以手工监测数据作为优先达标判定依据。

- 非正常工况：对于燃煤蒸汽锅炉，如采用干（半干）法脱硫、脱硝措施，冷启动不超过 1 小时，热启动不超过 0.5 小时。

（3）实际排放量与许可排放量一致性检查

检查内容：污染物排放量。

检查重点：烟尘、SO_2、NO_x 和 VOCs 的实际排放量是否满足年许可排放量要求。

检查方法：实际排放量为正常排放量和非正常排放量之和，核算方法包括实测法（分自动监测和手工监测）、物料衡算法、产排污系数法。应核算有组织废气污染物实际排放量，不核算无组织废气污染物实际排放量。

排污许可证要求应采用自动监测的排放口和污染物项目（主要排放口废气中含颗粒物烟尘、SO_2、NO_x），根据符合监测规范的有效自动监测数据采用实测法核算实际排放量；对于排污许可证中载明应当采用自动监测的排放口或污染物项目而未采用的，按直接排放核算排放量；对于排污许可证未要求采用自动监测的排放口或污染物项目，按照优先顺序依次选取自动监测数据、执法监测数据和手工监测数据核算实际排放量；若同一时段的手工监测数据与执法监测数据不一致，以执法监测数据为准。监测数据应符合国家环境监测相关标准要求。未按照相关规范文件等要求进行手工监测（无有效监测数据）的排放口或污染物，有有效治理设施的按照排污系数法核算，无有效治理设施的按产污系数法核算。

农药行业排污单位如含有适用其他行业排污许可技术规范的生产设施，废气污染物的实际排放量为所涉及各行业生产设施实际排放量之和。执行 GB 13271—2014 的生产设施或排放口，按《锅炉工业排污许可证申请与核发技术规范》（HJ 953—2018）中锅炉大气污染物实际排放量核算方法核算。

①正常情况：采用实测法，通过实际废气排放量及其所对应的污染物排放浓度核算污染物排放量，适用于具有有效自动监测或手工监测数据的排污单位。

- 采用自动监测系统监测数据核算

获得有效自动监测数据的，采用自动监测数据核算污染物排放量。污染源自动监测系统及数据需符合 HJ 75—2017、《固定污染源烟气（SO_2、NO_x、颗粒物）排放连续监测系统技术要求及控制方法》（HJ 76—2017）、HJ/T 373—2017、HJ 630—2011、HJ 862—2017 和排污许可证等的要求。

核算时段污染物排放量的计算方法如下：

$$E_j = \sum_{i=1}^{T}(C_{i,j} \times Q_i) \times 10^{-9} \tag{4-4}$$

式中，E_j —— 核算时段内主要排放口 j 项污染物的实际排放量，t；

$\quad\quad C_{i,j}$ —— j 项污染物在第 i 小时的实测平均排放浓度，mg/m^3；

$\quad\quad Q_i$ —— j 项污染物第 i 小时的标准状态下干排气量，m^3/h；

$\quad\quad T$ —— 核算时段内的污染物排放时间，h。

对于因自动监控设施发生故障以及其他情况导致数据缺失的按照 HJ 75—2017 进行补遗。缺失时段超过 25% 的，自动监测数据不能作为核算实际排放量的依据，按"应当采用自动监测的排放口或污染物项目而未采用"的相关规定进行核算。

排污单位提供充分证据证明在线数据缺失、数据异常等不是排污单位责任的，可按照排污单位提供的手工监测数据等核算实际排放量，或者按照上一个季度申报期间的稳定运行期间自动监测数据的小时浓度均值和季度平均排气量核算数据缺失时段的实际排放量。

- 采用手工监测数据核算

未安装自动监测系统或无有效自动监测数据时，采用执法监测、排污单位自行监测等手工监测数据进行核算。监测频次、监测期间生产工况、数据有效性等须符合 GB/T 16157—1996、HJ/T 397—2007、HJ/T 373—2007、HJ 630—2011、HJ 862—2017 和排污许可证等的要求。除执法监测外，其他所有手工监测时段的生产负荷应不低于本次监测与上一次监测周期内的平均生产负荷，并给出生产负荷对比结果。

某排放口核算时段内废气中某种污染物排放量的计算方法如下：

$$E_j = \sum_{i=1}^{n}(C_{i,j} \times Q_i \times h) \times 10^{-9} \quad\quad (4\text{-}5)$$

式中，E_j —— 核算时段内主要排放口 j 项污染物的实际排放量，t；

$\quad\quad C_{i,j}$ —— j 项污染物在第 i 监测频次时段的实测平均排放浓度，mg/m^3；

$\quad\quad Q_i$ —— 第 i 次监测频次时段的实测标准状态下平均干排气量，m^3/h；

$\quad\quad h$ —— 第 i 次监测频次时段内污染物排放时间，h；

$\quad\quad n$ —— 核算时段内实际手工监测频次，量纲一。

②非正常情况

- 采用产污系数法核算危险废物焚烧炉 PM（烟尘）、SO_2、NO_x 的直接排放的排放量，计算公式如下：

$$E = K \times Q \times t \times 10^{-6} \qquad (4\text{-}6)$$

式中，E —— 核算时段内某危险废物焚烧炉 PM（烟尘）、SO_2、NO_x 的实际排放量，t；

K —— 危险废物焚烧炉 PM（烟尘）、SO_2、NO_x 的产污系数，可参考表 4-11 取值；

Q —— 危险废物焚烧炉风机设计风量值，m^3/h；

t —— 核算时段内运行时间，h。

表 4-11 危险废物焚烧炉 PM（烟尘）、SO_2、NO_x 产污系数

燃烧容量/（kg/h）	PM（烟尘）/（g/m³）	SO_2/（g/m³）	NO_x/（g/m³）
≤300	1	4	5
300～2 500	0.8	3	5
≥2 500	0.65	2	5

- 工艺废气

工艺废气的一种计算方法是利用产污系数法核算工艺废气污染物 SO_2、NO_x、PM（一般性粉尘）的直接排放排放量，计算公式如下：

$$E' = K \times Q \times t \times 10^{-6} \qquad (4\text{-}7)$$

式中，E' —— 核算时段内某排气筒 SO_2、NO_x、PM（一般性粉尘）的实际排放量，t；

K —— 工艺废气 SO_2、NO_x、PM（一般性粉尘）的产污系数，可参考表 4-12 取值；

Q —— 污染治理设施风机设计风量值，m^3/h；

t —— 核算时段内运行时间，h。

表 4-12 工艺废气 SO_2、NO_x、PM（一般性粉尘）产污系数

	污染物	产污系数/（g/m³）
SO_2	硫、SO_2、硫酸和其他含硫化合物生产	9.6
	硫、SO_2、硫酸和其他含硫化合物使用	5.5
NO_x	硝酸、氮肥和火炸药生产	14
	硝酸使用和其他	2.4
PM（一般性粉尘）		1.2

工艺废气的另一种计算方法是利用物料衡算法核算工艺废气污染物 VOCs 的实际产生量。对于化学合成工序，物料衡算应结合反应转化率、产品收（得）率进行计算，计算公式如下：

$$\sum G_{投入} = \sum G_{产品} + \sum G_{流失} \tag{4-8}$$

式（4-8）是物料衡算的核算总则。

考虑农药生产过程中发生化学反应转化、过程回收、环保治理等内容，由物料衡算法得到的污染物产生量计算公式如下：

$$\sum G_{产生} = \sum G_{投入} - \sum G_{回收} - \sum G_{转化} - \sum G_{产品} \tag{4-9}$$

$$\sum G_{排放} = \sum G_{投入} - \sum G_{回收} - \sum G_{转化} - \sum G_{产品} - \sum G_{处理} \tag{4-10}$$

式中，$\sum G_{产生}$ —— 核算时段内某种污染物产生量，t；

$\sum G_{排放}$ —— 核算时段内某种污染物排放量，t；

$\sum G_{投入}$ —— 核算时段内物料投入总量，t；

$\sum G_{流失}$ —— 核算时段内物料流失总量，t；

$\sum G_{回收}$ —— 核算时段内由生产系统回收的物料总量，t；

$\sum G_{处理}$ —— 核算时段内物料经环保措施处理后的削减量，t；

$\sum G_{转化}$ —— 核算时段内物料经反应转化的总量，t；

$\sum G_{产品}$ —— 核算时段内物料进入产品的总量，t。

工艺废气排放口中VOCs实际排放量依据物料衡算法核定，其核算计算公式如下：

$$E = (T - S - W) \times \eta \times (1 - f) \tag{4-11}$$

式中，E —— VOCs 实际排放量，t/a；

T —— 生产过程中 VOCs 总的排放量，t/a；

S —— 进入固体废物（危险废物）中的 VOCs 的排放量，t/a；

W —— 进入废水中的 VOCs 的排放量，t/a；

η —— 进入废气的 VOCs 的捕集效率，%；

f —— 废气处理设施的净化效率，%。

生产过程中 VOCs 总的排放量 T 按照物料衡算法确定，计算公式如下：

$$T = \sum_{i=1} M_i \times MF_i - \sum_{j=1} P_j \times PF_j - \sum_{k=1} E_k \qquad (4\text{-}12)$$

式中，M_i —— 第 i 种原辅料设计消耗量，t/a；

MF_i —— 第 i 种原辅料的 VOCs 质量百分含量，%；

P_j —— 第 j 种产品/副产品设计产生量，t/a；

PF_j —— 第 j 种产品/副产品的 VOCs 质量百分含量，%；

E_k —— 反应转化为第 k 种无机物的 VOCs 的量，t/a。

$$S = \sum_{k=1} S_k \times SF_k \qquad (4\text{-}13)$$

式中，S_k —— 第 k 种固体废物（危险废物）产生量，t/a；

SF_k —— 第 k 种固体废物（危险废物）的 VOCs 质量百分含量，%。

$$W = W_T \times C_{COD} \times 0.3 \times 10^{-3} \qquad (4\text{-}14)$$

式中，W_T —— 工艺废水年产生总量，m^3/a；

C_{COD} —— 原水中 COD 浓度，mg/L。

进入废气中的 VOCs 的捕集效率与净化效率分别见表 4-13 和表 4-14。

表 4-13　VOCs 捕集效率

收集方式	捕集效率/%	达到上限必须满足的条件，否则按下限计
设备废气排放口连接	80～95	设备有固定排放管（或口）直接与风管连接，设备整体密闭只留进出口，且进气口处有废气收集措施，收集系统运行周边基本无 VOCs 散发
车间或密闭间进行密闭收集	80～95	屋面现浇，四周墙壁或门窗等密闭性好；收集总风量能确保开口处保持微负压（敞开截面处的吸入风速不小于 0.5 m/s），不让废气外泄
半密闭罩或通风橱方式收集（罩内或橱内操作）	65～85	污染物产生点（面）处，往吸入口方向的控制风速不小于 0.5 m/s
热态上吸风罩	30～60	污染物产生点（面）处，往吸入口方向的控制风速不小于 0.5 m/s；热态指污染源散发气体温度不小于 60℃
冷态上吸风罩	20～50	污染物产生点（面）处，往吸入口方向的控制风速不小于 0.25 m/s；冷态指污染源散发气体温度小于 60℃
侧吸风罩	20～40	污染物产生点（面）处，往吸入口方向的控制风速不小于 0.5 m/s，且吸风罩离污染源远端的距离不大于 0.6 m

表 4-14 VOCs 净化效率

处理工艺名称	净化效率/%	达到上限必须满足的条件，否则按下限计
直接燃烧法（TO）	60～95	燃烧温度不低于 820℃
直接催化燃烧法（CO）	50～85	催化燃烧温度不低于 300℃
蓄热式燃烧法（RTO）	两室 60～85	燃烧温度不低于 820℃
	三室/多室 70～90	
蓄热式燃烧法（RCO）	两室 50～80	燃烧温度不低于 300℃
	三室/多室 60～85	
活性炭吸附法	—	直接将"活性炭年更换量×15%"作为废气处理设施的削减量，并对照处理量进行复核，避免削减量大于处理量
吸附浓缩-燃烧法	50～80	纤维状吸附剂气体流速不高于 0.15 m/s，颗粒吸附剂气体流速不高于 0.5 m/s，蜂窝吸附剂气体流速不高于 1 m/s，燃烧法若为直接燃烧，燃烧温度不低于 820℃，若为催化燃烧，则燃烧温度不低于 300℃
喷淋法	10～70	主要污染物需为水溶性
低温等离子、光催化、臭氧等其他方法	10～40	后端至少增加一级吸收装置

3. 环境管理合规性执法检查

（1）自行监测落实情况检查

检查内容：主要包括是否开展了自行监测，以及自行监测的点位、因子、频次是否符合排污许可证要求。自动监测主要检查排放口编号、监测内容、污染物名称、自动监测设施是否符合安装运行和维护等管理要求，以及与排污许可证载明内容的相符性；手工自行监测主要检查排放口编号、监测内容、污染物名称、手工监测采样方法及个数、手工监测频次与排污许可证载明内容的相符性。

检查方法：主要为资料检查，包括自动监测、手工自行监测记录，环境管理台账，自动监测设施的比对、验收等文件。对于自动监测设施，可现场查看运行情况、药剂有效期等。

①废水自动监控设施检查要点

采样及预处理单元常见问题及检查方法见表 4-15，相关图件如图 4-8 所示。

表 4-15　采样及预处理单元常见问题及检查方法

常见问题	影响	规范要求	检查方法
采样探头安装位置不当；在堰槽采样探头附近排入浓度较低的水	采样探头堵塞，引起数据异常波动；所取水样不具有代表性；人为作假，导致数据失真	采样取水系统应尽量设在废水排放堰槽取水口头部的流路中央；采水的前端设在下流的方向；测量合流排水时，在合流后充分混合的场所采水（HJ 353—2019）	观察采样探头安装位置是否设置在废水排放堰槽头部，如巴歇尔槽应安装在收缩段上游明渠；观察采样探头是否在取水口流路中央；在测量合流排水时，采样探头是否在合流后充分混合处；在采样探头上游一定距离处采样进行比对
采样管路未固定或采用软管采样	采样时，采样探头可以大范围移动，采到的水样不具有代表性，并为作假提供了条件	采样管路应采用优质的硬质 PVC 或 PPR 管材，严禁使用软管做采样管（HJ 353—2019）	现场观察采样管路材质和安装情况
采样管设置旁路，用自来水等低浓度水稀释水样	人为作假，使数据偏低	采样取水系统应保证采集有代表性的水样，并保证将水样无变质地输送至监测站房供水质自动分析仪取样分析或采样器采样保存（HJ 353—2019）	现场观察，检查采水系统管路中间是否有三通管连接；在排放口采样比对
采样管路人为加装中间水槽，故意向中间水槽内注入其他水样替代实际水样	人为作假，导致数据失真	采样取水系统应保证采集有代表性的水样，并保证将水样无变质地输送至监测站房供水质自动分析仪取样分析或采样器采样保存（HJ 353—2019）	现场观察是否设置中间水槽，如仪器要求设置，则需检查水槽是否有异常水样接入；查阅仪器说明书和验收材料，对照现场安装情况检查是否违规设置中间水槽；采集排放口水样和中间水槽水样进行比对监测

常见问题	影响	规范要求	检查方法
采样管路堵塞	无法正常采样，导致分析仪器报警、数据异常或缺失	取水管应能保证水质自动分析仪所需的流量；定期清洗水泵和过滤网（HJ 353—2019）	现场手动启动采样装置，观察流路是否通畅；查看仪器报警记录；查看历史数据是否缺失或异常
采样管路未采取防冻措施	采样管路冻裂或管路内结冰堵塞，无法采样	采样取水系统的构造应有必要的防冻和防腐设施（HJ 353—2019）	现场观察是否有防冻措施

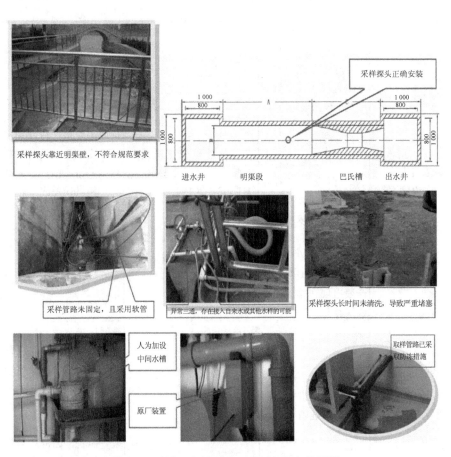

图 4-8　采样及预处理单元常见问题相关图件

CODCr分析仪常见问题及检查方法见表4-16，相关图件如图4-9所示。

表 4-16 CODCr分析仪常见问题及检查方法

常见问题	影响	规范要求	检查方法
未定期更换试剂，导致试剂超过有效使用期或无试剂	系统无法正常工作，测量数据异常	每周 1～2 次检查仪器标准溶液和试剂是否在有效使用期内，按相关要求定期更换标准溶液和分析试剂（HJ 353—2019）	观察试剂瓶内是否有试剂；观察试剂标签，明确试剂是否在有效期内；观察重铬酸钾溶液与硫酸-硫酸银溶液的余量是否成比例（这两种溶液的取用量约为 1∶2）
量程校正液实际浓度与仪器设定浓度不符	这是一种常用的作假手段，对测定数据的影响分两种情况：一是如果量程校正液实际浓度低于仪器设定浓度，将使实际水样测定浓度接近等比例增高，这种情况一般出现在污水处理厂进水口在线仪器上；二是如果量程校正液实际浓度高于仪器设定浓度，将使实际水样测定浓度接近等比例降低，这种情况一般出现在排放口在线仪器上	定期对量程校正液进行核查，结果符合要求（HJ 353—2019）	检查仪器设置的量程校正液浓度是否与试剂实际浓度一致；采用国家标准样品进行比对试验，相对误差应不超过±10%；将量程校正液带回实验室分析
蠕动泵管老化，未及时更换	导致取样不准确，测试结果不准确	定期更换易耗品（HJ 353—2019）	查阅运维记录，检查是否定期更换蠕动泵管（一般蠕动泵管每 3 个月至少需要更换 1 次）；将蠕动泵管拆卸下来观察其是否有裂纹、能否恢复原状，如拆卸后不能恢复原状，泵管表面有裂纹，则需要更换

常见问题	影响	规范要求	检查方法
消解温度偏低；消解时间不足	水样消解不完全，测定数据偏低	加热器加热后应在 10 分钟内达到设定的 165℃±2℃ 温度（HJ/T 399—2007）	现场查看消解参数设置，一般消解温度不小于 165℃，消解时间不少于 15 分钟，具体参数要求参考仪器说明书；进行实际水样比对试验，应满足 HJ 353—2019 标准中表 1 的性能要求
消解单元漏液	消解压力、温度、试剂和样品的量均会受到影响，导致监测数据不准确	检查 COD_{Cr} 水质在线自动监测仪水样导管、排水导管、活塞和密封圈，必要时进行更换（HJ 353—2019）	现场观察有无漏液痕迹
比色管未及时清洗，内壁有污染物	数据波动大或数据不变化	每月检查比色管是否污染，必要时进行清洗（HJ 353—2019）	观察比色池壁是否有污渍
光源老化或故障	无法正常测量，导致数据异常	定期更换易耗品（HJ/T 55—2000）	查阅运维记录，检查是否定期更换光源（光管更换周期需参照仪器说明书）；手动测量，观察比色单元发光管是否发光
量程设置不当	量程设置过低，实际水样浓度超过量程上限时，测量数据无效；量程设置过高，在测量实际水样浓度远低于测量量程时（如低于 10%），可能导致测量误差过大，影响数据的准确性	在量程范围内，仪器性能应满足 HJ 355—2019 标准中表 1 的性能要求	查阅仪表历史数据，对照仪表设置的量程，观察是否经常超出量程或满量程显示；先用接近实际废水浓度的质控样进行测定，相对误差应不超过±10%；再用接近但低于量程的质控样进行测定，相对误差也应不超过±10%

常见问题	影响	规范要求	检查方法
采用修改仪器标准曲线的斜率和截距、设定数据上下限等方式，使仪表历史数据长期在一个较小范围内波动	人为作假，数据不真实	—	对于排放口，用介于量程和排放标准之间的质控样进行测定，相对误差应不超过±10%；对于进水口，用低于日常显示数据（约为日常显示数据的50%）的质控样进行比对，相对误差应不超过±10%
UV 法和 TOC 法的仪器转换系数设置不正确	测量数据不正确	每月现场维护时应检验 UV-COD$_{Cr}$ 或 TOC-COD$_{Cr}$ 转换曲线（系数）是否适用，必要时进行修正；实际水样比对试验相对误差应满足 HJ 355—2019 标准中表 1 的要求	检查仪器转换系数是否与经有效性审核认可的转换系数记录相符；进行实际水样比对试验，相对误差应满足规范要求

注：HJ/T 399—2007 即《水质　化学需氧量的测定　快速消解分光光度法》。

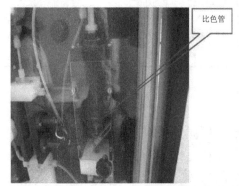

图 4-9 CODᴄᵣ 分析仪常见问题相关图件

COD$_{Cr}$ 分析仪的一些常见问题，在氨氮分析仪上同样存在。氨氮分析仪的一些特有问题见表 4-17，相关图件如图 4-10 所示。

表 4-17 氨氮分析仪特有问题及检查方法

常见问题	影响	规范要求	检查方法
气敏电极法氨氮分析仪			
恒温装置温度不稳定	降低测量精度	温度对气敏电极法测量精度有较大影响，因此测量时应保证恒温模块正常工作	对照仪器使用说明书查看恒温模块温度设置是否正确（一般设置温度为 30～40℃）；用手触摸加热模块表面，感受加热模块是否工作
电极老化	降低测量精度，严重时导致仪器无法正常工作	定期更换易耗品（HJ 355—2019）	查看维护记录，检查是否按使用说明书定期更换电极（一般电极使用寿命不超过 1 年，具体可参照仪器说明书）；进行实际水样比对试验

常见问题	影响	规范要求	检查方法
电极膜污染或损坏	降低测量精度,严重时导致仪器无法正常工作	每月应检查气敏电极表面是否清洁、完整,必要时进行更换(HJ 355—2019)	观察电极膜是否变色、有污垢;查看维护记录,检查是否按使用说明书定期更换电极膜(一般电极膜需每个月更换一次,最长不超过3个月)
纳氏比色法氨氮分析仪			
比色池污染	降低测量精度	纳氏试剂易在比色池壁结垢,一般需1个月清洗一次,具体清洗周期可参见仪器说明书	现场观察比色池有无漏液痕迹,比色池是否清洁

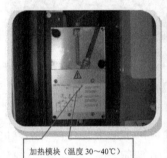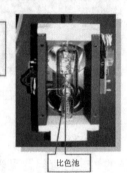

加热模块(温度30~40℃)　　　　电极膜　　　　比色池

图 4-10　氨氮分析仪特有问题相关图件

流量计常见问题及检查方法见表 4-18,相关图件如图 4-11 所示。

表 4-18　流量计常见问题及检查方法

常见问题	影响	规范要求	检查方法
使用超声波明渠流量计时,堰槽不规范	流量测定不准确	堰槽上游顺直段长度应大于水面宽度的5~10倍;堰槽下游出口无淹没流;计量堰槽符合明渠堰槽流量计规程 JJG 711—1990中标明的技术要求	对照堰槽规格表,用尺子现场测量,核实是否一致

常见问题	影响	规范要求	检查方法
使用超声波明渠流量计时，流量计安装不规范（如流量计探头未固定，可移动；探头和校正棒与液面不垂直；安装位置过高或过低）	测量数据不准确	探头安装在计量堰槽规定的水位观测断面中心线上；仪器零点水位与堰槽计量零点一致；探头安装牢固，不易移动（JJG 711—1990）	现场观察流量计安装情况，应满足规范要求；使用直尺直接测量液位，用流量公式计算实际流量，允许误差不超过±5%
使用超声波明渠流量计时，流量计上传数据人为作假	流量计上传数据和实际测量数据不一致	—	采用遮挡法（用遮挡物在流量计探头正下方上下移动），观察流量计数值与数采仪是否同步变化
使用超声波明渠流量计时，参数设置不正确	参数设置与实际堰槽尺寸不符，会导致流量测定不准确	—	查阅参数设置，主要包括堰槽型号、喉道宽、液位3个参数是否和现场实际尺寸一致；对于某些需要手动输入流量公式的仪器，还需检查流量公式是否正确
使用电磁管式流量计时，测量流体不满管	不满足电磁流量计测定要求，测定结果不准确	—	观察电磁流量计安装位置是否设置了U形管段等保证流体满管的措施

注：JJG 711—1990即《明渠堰槽流量计（试行）》。

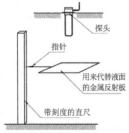
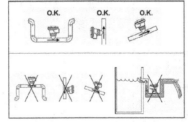

图 4-11 流量计常见问题相关图件

②废气自动监控设施检查要点

采样及预处理单元常见问题及检查方法见表 4-19，相关图件如图 4-12 所示。

表 4-19　采样及预处理单元常见问题及检查方法

常见问题	影响	规范要求	检查方法
采样点位			
流速和PM采样点位于烟道弯头、阀门、变径管处、弯道或前后直管段不足	在这些位置流场不稳定，流速和PM浓度无规律剧烈波动	应优先选择在垂直管段和烟道负压区域；距弯头、阀门、变径管下游方向不小于 4 倍烟道直径，以及距上述部件上游方向不小于 2 倍烟道直径处（HJ 75—2017）	现场观察
采样点设置在净烟道，但旁路烟道未安装烟气流量和烟温监测装置	旁路开启情况无法有效监控	固定污染源烟气净化设备设置有旁路烟道时，应在旁路烟道内安装烟气流量连续计量装置（HJ 75—2017）；应在旁路烟道加装烟气温度和流量采样装置（环办〔2009〕8 号）	现场观察旁路烟道是否安装了流量和烟温测量装置；开启旁路，观察DCS和CEMS上流量和烟温变化情况，净烟道流量应下降，旁路流量应上升，旁路烟温应接近原烟气温度
参比方法采样孔设置在 CEMS 采样孔上游，或距离 CEMS 采样孔较远	测定结果可比性差	在烟气 CEMS 监测断面下游应预留参比方法采样孔，采样孔数目及采样平台等按 GB/T 16157—1996 要求确定，以供参比方法测试使用；在互不影响测量的前提下，应尽可能靠近（HJ 75—2017）	现场观察
PM采样孔设在气态污染物采样孔的上游	PM 监测时需连续吹扫，吹扫空气会使气态污染物被稀释，监测结果偏低	—	现场观察

常见问题	影响	规范要求	检查方法
采样管路			
采样管线未全程伴热；采样探头加热温度或采样管线伴热温度不足	导致采样管内烟气温度低于露点、水汽结露、SO_2溶于水中，加大了测量误差，使测定结果偏低	—	观察采样管线，是否全程伴热；用手触碰采样管线，感觉是否有温度异常偏低的部分；检查采样管两端，恒功率伴热管是否预留 1 m 伴热带；检查探头加热温度（温度显示仪表在采样探头旁或分析仪机柜内，一般加热温度不低于 160℃）；检查伴热管伴热温度（温度显示仪表在分析仪机柜内，一般伴热温度不低于120℃）
预处理			
PM 测量仪镜片、气态污染物采样探头、皮托管探头未正常反吹	不正常反吹将导致 PM 测试仪镜片污染，使浓度偏大；气态污染物采样探头和皮托管探头堵塞，会导致数据异常，严重时设备无法运行	—	观察平台上 PM 测量仪反吹风机叶片是否转动，听风机是否有运转的声音，用手感觉风机是否振动，判断风机是否正常运行；观察平台上气态污染物探头和皮托管探头反吹管是否正常连接，平台上反吹气阀门是否打开；观察监测站房内或平台上反吹气源压力表，压力一般在 0.4~0.7 MPa
气态污染物采样探头内滤芯、预处理机柜内滤芯长期未更换，导致滤芯失效	滤芯堵塞会导致采样流量降低，严重时设备无法运行	一般不超过 3 个月更换一次采样探头滤芯（HJ 75—2017）	察看气态污染物采样探头滤芯表面是否粉尘过大；察看机柜滤芯是否变形、变色，表面有无大量粉尘
冷凝器冷凝温度过高或过低；冷凝温度不稳定	冷凝温度过高，导致烟气中的水分不能充分析出，分析仪表损坏；冷凝温度过低，尤其在低于 0℃时可能会导致冷凝管排水口结冰，无法正常排水	—	查看冷凝器上的显示温度，一般冷凝温度应在 3~5℃；观察抽气泵，如果除湿不好，抽气泵易腐蚀

常见问题	影响	规范要求	检查方法
冷凝器排水蠕动泵泵管老化；蠕动泵损坏；蠕动泵泄漏	冷凝水无法正常排出，严重时导致冷凝器不能正常工作	至少每3个月检查一次气态污染物 CEMS 的过滤器、采样探头和管路的结灰和冷凝水情况，气体冷却部件、转换器、泵膜老化状态（HJ 75—2017）	查看蠕动泵电机是否按标识方向转动，观察蠕动泵管是否有水柱顺利排出；查阅运维记录，检查是否定期更换蠕动泵管（一般3个月至少需要更换一次）；将蠕动泵管拆卸下来，观察其是否有裂纹、能否恢复原状，如拆卸后不能恢复原状，泵管表面有裂纹，则需要更换

注：环办〔2009〕8 号即《环境保护部办公厅关于加强燃煤脱硫设施二氧化硫减排核查核算工作的通知》。

采样点位于烟囱入口处，直管段不足

旁路烟道需安装烟温和流量测量装置

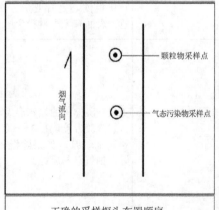

正确的采样探头布置顺序

有裸露管段，产生大量冷凝水

伴热管伴热温度不足 120℃

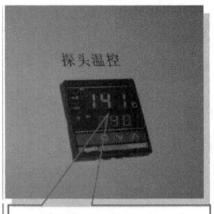

探头加热温度不足 160℃

未预留 1 m 伴热带，伴热管最后 1 m 无法加热。用手触碰此处，发现温度低，未伴热

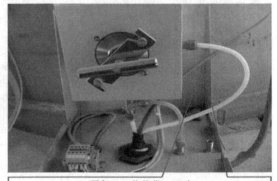

预留 1 m 伴热带，正确

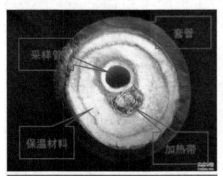

伴热管截面图

将手放在 PM 测量仪反吹风机叶轮外，如感觉到振动，有风吹动，可判断风机在运行

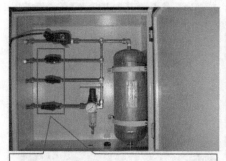

平台上反吹气柜内阀门呈打开状态，正确

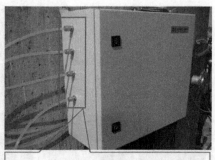

反吹管正常连接，正确

观察分析小屋内的反吹气源反吹气压力是否正常

反吹气源压力表读数在 0.4～0.7 MPa，正确

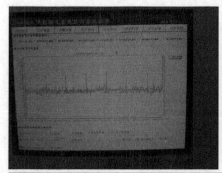

系统正常反吹：左图中，氧含量出现周期性波峰；右图中，SO_2 含量出现周期性波谷

采样探头内滤芯应定期更换，确保无大量粉尘堆积

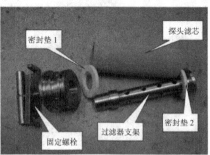

采样探头内部结构

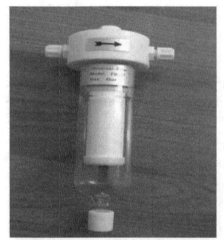

冷凝温度为4℃，正常

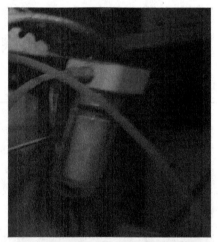

蠕动泵

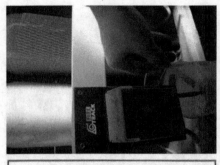
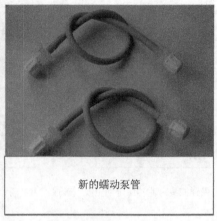

| 正常运行时，蠕动泵排出的冷凝水呈酸性 | 新的蠕动泵管 |

图 4-12　采样及预处理单元常见问题相关图件

分析单元常见问题及检查方法见表 4-20。

表 4-20　分析单元常见问题及检查方法

常见问题	影响	规范要求	检查方法
仪器未及时进行校准或校验	测量误差增大，降低仪器准确度，严重时仪器精度无法满足标准要求	对于现有仪器，一般应该满足：零点校准，气态污染物（SO_2、NO_x 和 O_2）每 24 小时一次，PM 和流速每 3 个月一次；跨度校准，气态污染物（SO_2、NO_x 和 O_2）每 15 天一次，PM 和流速每 3 个月一次；全系统校准，抽取式气态污染物 CEMS 至少每 3 个月进行一次全系统的校准，要求零气和标准气体与样品气体通过的路径（如采样探头、过滤器、洗涤器、调节器）一致，进行零点和跨度、线性误差和响应时间的检测；定期校验，每 6 个月一次（HJ 75—2017）	对气态污染物，现场测定零点漂移和跨度漂移，应不超过±2.5% F.S.（满量程）；如零点漂移和跨度漂移符合要求，则用接近被测气体浓度的标准气体进行全系统检验，误差不超过±5%；查看 CEMS 或 DCS 中校准和校验期间的历史数据，如未屏蔽，则应能够找到相应的浓度值。如已屏蔽，则应保持一固定值

常见问题	影响	规范要求	检查方法
量程设置过高或过低	量程设置过高,在测量的烟气实际浓度远低于测量量程时(如低于20%)可能导致测量误差过大,影响数据的准确性;量程设置过低,烟气实际浓度超过量程上限时测量数据无效,排放情况无法得到有效监控	—	查阅仪表历史数据,观察污染物实际排放浓度范围;通常实际排放浓度应该在量程的20%~80%;如实际排放浓度低于量程的20%,通入与实际排放浓度接近的标准气体进行测定,相对误差应不超过±5%;观察历史数据中是否经常出现超出仪器量程范围的数据
采用修改测量仪器标准曲线的斜率和截距、不正确设置校准系数、设定数据上下限等方式对测定数据进行修饰	人为作假,数据不真实	—	分别用低、中、高浓度的标准气体进行全系统检验,误差不超过±5%
标准气体实际浓度与仪器设定的标准气体浓度不一致	如果标准气体实际浓度低于仪器设定浓度,将使实际测定浓度接近等比例增高;如果标准气体实际浓度高于仪器设定浓度,将使实际测定浓度接近等比例降低	—	使用自备标准气体进行测定,相对误差应不超过±5%;使用快速测定仪或将现场标准气体带回实验室测定,其浓度应与仪器设定的标准气体浓度一致

公用工程常见问题及检查方法见表 4-21,相关图件如图 4-13 所示。

表 4-21　公用工程常见问题及检查方法

常见问题	影响	规范要求	检查方法
采样平台及爬梯不规范，如采样平台面积不足、平台高于 5 m 时设置直爬梯、采样平台和爬梯无护栏等	不便于维护和比对监测	平台面积应不小于 1.5 m²，并设有 1.1 m 高的护栏，采样孔距平台面为 1.2～1.3 m（GB 16157—1996）；当采样平台设置在离地面高度不小于 5 m 的位置时，应有通往平台的 Z 字梯/旋梯/升降梯，爬梯宽度应不小于 0.9 m（HJ 75—2017）	现场观察
监测站房周边有高温、高尘、强电磁干扰等	影响设备正常运行，如环境温度过高，易使设备零漂、量漂变大，缩短仪器寿命；高尘环境易使设备发生漏电、短路等故障；受到强电磁干扰时，易产生数据丢包、乱码等	不受环境光线和电磁辐射的影响（HJ 75—2017）；站房内应安装空调，并保证环境温度为 5～40℃，相对湿度不大于 85%（环发〔2008〕25 号）	现场观察，如水泥厂分析小屋应避免设置在回转窑窑尾平台，因此处温度较高，影响分析小屋空调运行

注：环发〔2008〕25 号即《国控重点污染源自动监控能力建设项目污染源监控现场端建设规范（暂行）》。

直爬梯，不正确

Z 字梯，正确

采样平台面积过小，不便于维护和比对监测　　　分析小屋不宜设置在温度过高处

图 4-13　公用工程常见问题相关图件

（2）环境管理台账落实情况检查

检查内容：主要包括是否有环境管理台账、环境管理台账是否符合相关规范要求。主要检查生产设施的基本信息、污染防治设施的基本信息、监测记录信息、运行管理信息和其他环境管理信息等的记录内容、记录频次和记录形式。

检查方法：查阅环境管理台账，比对排污许可证要求检查台账记录的及时性、完整性、真实性；涉及专业技术的，可委托第三方技术机构对排污单位的环境管理台账记录进行审核。

（3）执行报告落实情况检查

检查内容：执行报告上报频次和主要内容是否满足排污许可证要求。

检查方法：查阅排污单位执行报告文件及上报记录；涉及专业技术领域的，可委托第三方技术机构对排污单位的执行报告内容进行审核。

（4）信息公开落实情况检查

检查内容：主要包括是否开展了信息公开、信息公开是否符合相关规范要求。主要检查信息公开的公开方式、时间节点、公开内容与排污许可证要求的相符性。

检查方法：主要包括资料检查和现场检查，其中资料检查为查阅网站截图、照片或其他信息公开记录，现场检查为现场查看信息亭、电子屏幕和公示栏等场所。

4. 现场检查指南

（1）现场检查资料准备

现场执法检查前需了解企业的基本情况，并对照企业排污许可证填写企业基本信息表，标明被检查企业的单位名称、注册地址、生产经营场所和行业类别，根据企业现状填写主要生产工艺、生产线数量以及单条生产线的规模。企业基本情况表见表 4-22。

表 4-22　企业基本情况表

单位名称		注册地址	
生产经营场所地址		行业类别	
主要生产工艺		＿＿＿＿＿＿生产线，规模＿＿＿＿t/a	
		＿＿＿＿＿＿生产线，规模＿＿＿＿t/a	
		＿＿＿＿＿＿生产线，规模＿＿＿＿t/a	
		＿＿＿＿＿＿生产线，规模＿＿＿＿t/a	

（2）废水污染治理设施合规性检查

①废水排放口检查

对照排污许可证，核实废水实际排放口与许可排放口的一致性。检查是否有通过未经许可的排放口排放污染物的行为、废水排放口是否满足《排污口规范化整治技术要求（试行）》时，可参考并填写废水排放口检查表（表 4-23）。

表 4-23 废水排放口检查表

废水排放口					
—	排污许可证 排放去向	实际排放去向	是否一致	排放口规范设置	备注
废水			是□ 否□	是□ 否□	

②废水治理措施检查

以核发的排污许可证为基础，现场检查废水污染治理设施名称、工艺等与排污许可证登记事项的一致性，是否为可行技术时，可参考并填写废水治理措施检查表（表 4-24）。

表 4-24 废水治理措施检查表

污染治理措施						
项目	处理工段	排污许可证 措施	实际治理 措施	是否一致	是否为可行技术	备注
污水 处理 工艺	预处理			是□ 否□	是□ 否□	
	二级处理			是□ 否□	是□ 否□	
	三级处理			是□ 否□	是□ 否□	
	深度处理			是□ 否□	是□ 否□	

③污染物排放浓度与许可浓度一致性检查

常规因子达标情况检查：农药企业各废水排放口污染物的排放浓度达标是指任一有效日均值均满足许可排放浓度要求。各项废水污染物有效日均值采用自动监测、执法监测、企业自行开展的手工监测三种方法分类进行确定。对于监测数据存在超标的，需在后续的执法中重点关注。常规因子自动监测达标情况检查表见表 4-25，常规因子执法监测达标情况检查表见表 4-26，常规因子手工自行监测达标情况检查表见表 4-27。

表 4-25　常规因子自动监测达标情况检查表

监测手段	时间段	因子	达标率/%	最大值/（mg/L）	是否达标	备注
自动监测		COD			是□　否□	
		pH			是□　否□	
		氨氮			是□　否□	
		采用自动监测的其他因子			是□　否□	

表 4-26　常规因子执法监测达标情况检查表

监测手段	时间段	因子	监测次数	超标次数	是否达标	备注
执法监测		pH			是□　否□	
		色度			是□　否□	
		COD			是□　否□	
		悬浮物			是□　否□	
		BOD			是□　否□	
		氨氮			是□　否□	
		总氮			是□　否□	
		总磷			是□　否□	

表 4-27　常规因子手工自行监测达标情况检查表

监测手段	时间段	因子	监测次数	超标次数	是否达标	备注
手工自行监测		pH			是□　否□	
		色度			是□　否□	
		COD			是□　否□	
		悬浮物			是□　否□	
		BOD			是□　否□	
		氨氮			是□　否□	
		总氮			是□　否□	
		总磷			是□　否□	

特征因子达标情况检查：对于排放第一类污染物以及部分杂环类农药生产的车间，需对车间废水排放口特征因子排放情况进行监控。对于监测数据存在超标的，需在后续的执法中重点关注。车间特征因子达标情况检查表见表 4-28。

表 4-28　车间特征因子达标情况检查表

污染物	污染物排放限值/（mg/L）	排放值/（mg/L）	是否达标	备注
总汞	0.05		是□　否□	
烷基汞	不得检出		是□　否□	
总镉	0.1		是□　否□	
总铬	1.5		是□　否□	
六价铬	0.5		是□　否□	
总砷	0.5		是□　否□	
总铅	1.0		是□　否□	
总镍	1.0		是□　否□	
苯并[a]芘	0.000 03		是□　否□	
总铍	0.005		是□　否□	
总银	0.5		是□　否□	
莠去津	1		是□　否□	
氟虫腈	0.01		是□　否□	

④污染物实际排放量与许可排放量的一致性检查

在检查 COD、氨氮、总磷（含磷企业）的实际排放量是否满足年许可排放量要求时，可参考并填写水污染物实际排放量与许可排放量一致性检查表（表 4-29）。

表 4-29　水污染物实际排放量与许可排放量一致性检查表

污染物	许可排放量/（t/a）	实际排放量/（t/a）	是否满足许可要求	备注
COD			是□　否□	
氨氮			是□　否□	
总磷			是□　否□	

（3）废气污染治理设施合规性检查

①有组织废气污染防治合规性检查

废气排放口检查：对照排污许可证，核实废气实际排放口与许可排放口的一致性，检查是否有通过未经许可的排放口排放污染物的行为、废气有组织排放口是否满足《排污口规范化整治技术要求（试行）》时，可参考并填写有组织废气排放口检查表（表 4-30）。

表 4-30　有组织废气排放口检查表

污染源	排口编号	排气口、采样孔、采样监测平台设置				备注
		采样孔规范设置	采样监测平台规范设置	排气口规范设置	是否合规	
工艺排口		是□　否□	是□　否□	是□　否□	是□　否□	
危险废物焚烧炉		是□　否□	是□　否□	是□　否□	是□　否□	
锅炉		是□　否□	是□　否□	是□　否□	是□　否□	

废气治理措施检查：以核发的排污许可证为基础，现场检查废气污染治理设施名称、工艺等与排污许可证登记事项的一致性，是否为可行技术时，可参考并填写有组织废气污染治理措施检查表（表 4-31）。

表 4-31　有组织废气污染治理措施检查表

污染源	排口编号	污染因子	污染治理措施		是否合规	是否为可行技术	备注
			排污许可证载明治理措施	实际治理措施			
锅炉排口		烟尘、SO_2、NO_x、其他			是□否□	是□否□	
危险废物焚烧炉		烟尘、SO_2、NO_x、其他			是□否□	是□否□	
工艺排口					是□否□	是□否□	

　　污染治理措施运行合规性检查：检查锅炉、焚烧炉废气污染治理措施运行情况时，可参考并填写检查表（表 4-32、表 4-33）。

表 4-32　锅炉废气污染治理措施运行情况检查表

旁路通道		
污染源/排口编号	是否开启旁路通道	备注
锅炉废气	是□　否□	

脱硫（是否设置：是□　否□）				
脱硫效率/%		是否符合设计要求	脱硫剂使用量是否合理	脱硫剂系统风机电流是否大于空负荷电流	备注
设计	实际				
		是□　否□	是□　否□	是□　否□	

静电除尘（是否设置：是□　否□）					
除尘效率/%		是否符合设计要求	电压、电流是否有异常波动	是否记录运行台账	运行电场数量的比例	是否合规	备注
设计	实际						
		是□　否□	是□　否□	是□　否□		是□　否□	

布袋除尘（是否设置：是□　否□）					
除尘效率/%		是否符合设计要求	压差、喷吹压力是否有异常波动	是否记录运行台账	是否有明显可见烟	是否合规	备注
设计	实际						
		是□　否□	是□　否□	是□　否□	是□　否□	是□　否□	

脱硝（是否设置：是□　否□）				
脱硝效率/%		是否符合设计要求	脱硝反应窗口温度	实际烟温	是否符合设计要求	备注
设计	实际					
		是□　否□			是□　否□	
喷氨量		是否符合设计要求	氨的逃逸率是否低于 3 ppm	脱硝设施运行参数的逻辑关系是否合理	还原剂流量、稀释风机或稀释水泵电流是否正常	备注
设计	实际					
		是□　否□	是□　否□	是□　否□	是□　否□	

表 4-33 危险废物焚烧炉废气污染治理措施运行情况检查表

旁路通道		
污染源/排放口编号	是否开启旁路通道	备注
危废焚烧炉废气	是□ 否□	

脱硫（是否设置：是□ 否□）					
脱硫效率/%		是否符合设计要求	脱硫剂使用量是否合理	脱硫剂系统风机电流是否大于空负荷电流	备注
设计	实际				
		是□ 否□	是□ 否□	是□ 否□	

静电除尘（是否设置：是□ 否□）							
除尘效率/%		是否符合设计要求	电压、电流是否有异常波动	是否记录运行台账	是否合规	运行电场数量的比例	是否正常	备注
设计	实际						
		是□ 否□	是□ 否□	是□ 否□	是□ 否□		是□ 否□

布袋除尘（是否设置：是□ 否□）						
除尘效率/%		是否符合设计要求	压差、喷吹压力是否有异常波动	是否有正当理由并记录	是否有明显可见烟	是否合规	备注
设计	实际					
		是□ 否□	是□ 否□	是□ 否□	是□ 否□	是□ 否□

脱硝（是否设置：是□ 否□）					
脱硝效率/%		是否符合设计要求	脱硝反应窗口温度	实际烟温	是否符合设计要求	备注
设计	实际				
		是□ 否□			是□ 否□
喷氨量		是否符合设计要求	氨的逃逸率是否低于 3 ppm	脱硝设施运行参数的逻辑关系是否合理	还原剂流量、稀释风机或稀释水泵电流是否正常	备注
设计	实际				
		是□ 否□	是□ 否□	是□ 否□	是□ 否□

污染物排放浓度与许可浓度一致性检查：有组织废气达标情况检查表具体见表 4-34。

表 4-34 有组织废气达标情况检查表

污染源	污染因子	自动监测实时数据是否达标	自动监测历史数据是否达标	手工监测数据是否达标	执法监测数据是否达标	备注
锅炉废气	颗粒物	是□ 否□	是□ 否□	是□ 否□	是□ 否□	
	二氧化硫	是□ 否□	是□ 否□	是□ 否□	是□ 否□	
	氮氧化物	是□ 否□	是□ 否□	是□ 否□	是□ 否□	
	汞及其化合物	—	—	是□ 否□	是□ 否□	
工艺废气	颗粒物	是□ 否□	是□ 否□	是□ 否□	是□ 否□	
	二氧化硫	是□ 否□	是□ 否□	是□ 否□	是□ 否□	
	氮氧化物	是□ 否□	是□ 否□	是□ 否□	是□ 否□	
	挥发性有机物	是□ 否□	是□ 否□	是□ 否□	是□ 否□	
	特征污染物:＿＿＿	—	—	是□ 否□	是□ 否□	
危险废物焚烧炉废气	颗粒物	是□ 否□	是□ 否□	是□ 否□	是□ 否□	
	二氧化硫	是□ 否□	是□ 否□	是□ 否□	是□ 否□	
	氮氧化物	是□ 否□	是□ 否□	是□ 否□	是□ 否□	
	一氧化碳	—	—	是□ 否□	是□ 否□	
	氯化氢			是□ 否□	是□ 否□	
	二噁英	—	—	是□ 否□	是□ 否□	

污染物实际排放量与许可排放量一致性检查:检查 PM、SO_2、NO_x、VOCs 的实际排放量是否满足年许可排放量要求时,可参考并填写检查表(表 4-35)。

表 4-35 污染物实际排放量与许可排放量一致性检查表

污染物	许可排放量/(t/a)	实际排放量/(t/a)	是否满足许可要求	备注
颗粒物			是□ 否□	
二氧化硫			是□ 否□	
氮氧化物			是□ 否□	
挥发性有机物			是□ 否□	

②无组织废气污染防治合规性检查

检查无组织废气污染防治时，可参考并填写检查表（表4-36）。

表4-36　无组织废气污染防治检查表

序号	治理措施			是否合规	备注
	无组织废气排放节点	排污许可证载明治理措施	实际治理措施		
1				是□　否□	
2				是□　否□	
3				是□　否□	
4				是□　否□	
5				是□　否□	
6				是□　否□	
7				是□　否□	
达标情况					
判定依据				是否达标	备注
现有监测数据				是□　否□	

③非正常工况检查

检查台账，锅炉、危险废物焚烧炉等各废气污染源启动、停机时间是否满足相关要求时，可参考并填写非正常工况检查表（表4-37）。

表4-37　非正常工况检查表

污染源	非正常工况要求	是否符合	备注
燃煤蒸汽锅炉	如采用干（半干）法脱硫、脱硝措施，冷启动不超过1小时、热启动不超过0.5小时	是□　否□	

（4）环境管理执行情况合规性检查

自行监测、环境管理台账、执行报告以及信息公开等环境管理执行情况检查时，可参考并填写检查表（表4-38～表4-41）。

表 4-38　自行监测执行情况现场检查表

序号	自行监测内容	排污许可证要求	实际执行	是否合规	备注
1	监测点位			是□　否□	
2	监测指标			是□　否□	
3	监测频次			是□　否□	

表 4-39　环境管理台账记录情况执行现场检查表

序号	环境管理台账记录内容	排污许可证要求	实际执行	是否合规	备注
1	记录内容			是□　否□	
2	记录频次			是□　否□	
3	记录形式			是□　否□	
4	台账保存时间			是□　否□	

表 4-40　执行报告上报情况执行现场检查表

序号	执行报告内容	排污许可证要求	实际执行	是否合规	备注
1	上报内容			是□　否□	
2	上报频次			是□　否□	

表 4-41　信息公开情况执行现场检查表

序号	信息公开要求	排污许可证要求	实际执行	是否合规	备注
1	公开方式			是□　否□	
2	时间节点			是□　否□	
3	公开内容			是□　否□	

5 展望

目前，覆盖所有固定污染源的排污许可证核发和排污登记工作正在有序推进，力争将排污许可证发放到每个应该领证的排污单位，而对于其他污染物产生量、排放量和对环境的影响程度很小，依法不需要申请取得排污许可证的排污单位，则需填报排污登记表。通过排污许可证和排污登记表可以将所有固定污染源纳入监管，从而成为监管的底数。为探索 2020 年排污许可全覆盖路径，推动"核发一个行业、清理一个行业、规范一个行业、达标一个行业"，生态环境部组织开展了固定污染源清理整顿试点工作。在北京、天津、河北等 8 个省（直辖市）先行先试，按计划完成清理整顿试点工作，通过核发排污许可证和填报排污登记表，基本实现了将 24 个重点行业企业纳入排污许可管理。截至 2020 年 1 月底，全国共计向火电、造纸等 59 个重点行业核发排污许可证 16.1 万余张，登记企业排污信息 6.6 万余家，管控大气污染物排放口 30.67 万个、水污染物排放口 7.48 万个。

从现阶段来看，《控制污染物排放许可制实施方案》提出的 2020 年的阶段性目标任务已经在逐项实现。党的十九届四中全会通过的《中共中央关于坚持和完善中国特色社会主义制度　推进国家治理体系和治理能力现代化若干重大问题的决定》所提出的"构建以排污许可制为核心的固定污染源监管制度体系"，是在深入贯彻落实、总结习近平新时代中国特色社会主义思想和习近平生态文明思想的基础上，从国家层面赋予环境治理体系和治理能力现代化更丰富、更深刻的内涵。作为环境治理体系和治理能力的重要组成部分，排污许可制度改革需要完善制度本身并发挥核心效能，促进各项生态环境管理制度深度衔接融合，深化固定污染源监管制度体系，推进企业落实环境主体责任，强化法规技术管理保障措施，尤其应将排污许可管理与环境质量结合，研究基于环境质量达标的排污许可制度，以达到切实改善环境质量的目标。以水环境为例，美国在 1972 年通过的《联邦水污染控制法修正案》（PL 92-500）中，建立了 NPDES，要求固定污染源在确定排污许可限值时既要考虑基于技术的排污许可限值，使现阶段污染物处理水平能够达到限值要求，也要考虑基于水质的排污许可限值，确保受纳水体的特定用途不受影响。欧盟分别在 1996 年和 2000 年颁布了《综合污染预防与控制指令》（IPPC）和《水框架指令》（WFD），要求各成员国将自然水体环境的质量管理和污染物的排放管理相结合，制定污染物的排污许可限值。可见，发达国家将实施排污许可制度作为改善水环境质量的抓手之一。与国外排污许可管理制度相比，我国的排污许可制度在改善水环境质量方面发挥的作用还需要进一步加强。

5.1 我国的排污许可制度在推动改善水质方面存在的不足

1. 许可排放限值核定尚未直接与水质挂钩

目前，我国排污许可制度的管理对象为固定污染源，许可排放限值包括许可排放浓度和许可排放量，核定许可排放限值的主要依据是污染物排放标准以及总量控制指标。对于许可排放浓度而言，我国污染物排放标准是根据地方的经济与技术条件制定的排放限值，而水质标准仅仅是划分功能区水质的临界值，二者是平行关系，不存在排污标准与基于水质标准的联动。对于许可排放量而言，现行基于水功能区纳污能力的限制排污总量是以行政区为单位进行分配和控制的，并没有将其分配到排放口；而排污许可量则是以企业为单位进行计量的，并非以区域限制纳污总量为依据，造成具体水功能区限制纳污总量没有与污染源排放建立起对应的关系。因此经常会出现区域或流域内所有的企业都达到排放限值的要求，但区域内水体水质却长期超标的现象。

2. 现行达标判定指标尚未直接与水质联动

现行的重点行业排污许可规范中对达标判定进行了规定，水污染物排放浓度的日均值和年排放量不超过许可排放限值即判定为"达标"。但是，水污染物的瞬时排放浓度超标或者月/季度排放量偏大也会对水质产生影响，尤其是一些季节性生产的行业。另外，目前我国对工业废水的监督和管理主要依据理化指标，大部分现行工业废水排放标准反映的只是废水中的一种或几种污染物的浓度水平及贡献量，不能反映其排放至自然环境中后对生物的综合毒性大小。一些行业的废水中含有大量有毒污染物，即使按照现行行业排放标准的要求达标排放，仍会表现出不可忽视的生物毒性，从而对水生态安全造成潜在的影响。

3. 水质目标管理与排污许可制度尚未形成合力

2018年国务院新"三定"方案出台以前，水功能区限制纳污工作与污染源控制工作分属水利部门和环境保护部门，长期存在水陆隔离、污染源—入河排污口—水体水质响应的技术链条不完整的问题，导致纳污总量计算与污染源减排工作脱节，未与排污许可制度有效衔接，水质变化趋势未形成调整区域许可排放量的反馈机制。排污许可制度是水质目标管理的重要手段之一，但是水质改善也并不能完全依赖排污许可制度，如有些控制单元的氨氮超标，但其主要污染点源污水处理厂排放氨氮的浓度水平已经低于受纳水体的Ⅳ类水标准，在这种情况下应该在区域或流域水质规划综合措施的基础上合理确定满足水质目标要求的固定污染源许可排放限值。

5.2 基于水质的排污许可管理对策建议

1. 基于流域控制单元水质响应确定许可排放限值

建议以控制单元为载体，厘清"排污单位（废水直接排放口和雨水排放口）—入河排污口—受纳环境水体—水质断面"的对应关系。

对于水质不达标的控制单元内的固定污染源，如果对主要超标污染物考虑采取控制许可排放量的思路，则可以借鉴美国最大日负荷量（TMDL）计划的经验，结合河长制和湖长制，建立科学有效的水污染物排污总量控制体系，以行政区和控制单元为基础核定水功能区的纳污能力和污染物限制排放总量，并将污染物限制排放总量正确分配到每个入河排污口，进而科学分配到不同的固定污染源，实现固定污染源水污染物排放的精准控制。

如果考虑采取加严许可排放浓度的思路，则建议以水质达标为目标，通过制定流域排放标准，加强其与基于水质的排污许可管理的衔接，根据社会经济、技术进步和地表水质，采取点面结合、相互补充的方式，共同发挥流域排放标准与排污许可管理的作用，以逐步实现流域控制单元的水质达标。

如果在短期内需要推进基于水质的排污许可工作，也可以借鉴欧盟的水质标准反演法来核定特定污染物的排污许可限值。对于水质不达标的控制单元内的排污单位，针对直接排放和间接排放可以采用不同的稀释系数与水质标准的乘积，得到基于水质的排放浓度限值，进而可以核算基于水质的排污单位污染物的许可排放量，再与现有许可排放量相比，从严确定。该方法的优点在于程序简单，可大大减少基层生态环境部门的工作量，缺点在于核算不够十分精准。

2. 完善达标判定方式以推动污水综合毒性等指标的应用

建议进一步优化排污许可制达标判定体系，考虑增加瞬时排放浓度、月平均排放浓度、排放浓度 30 日滑动均值等判定指标，更严格地监控固定污染源的排放情况。同时，建议我国借鉴美国 WET 在有毒污染物排放控制中的应用方法，进一步完善 WET 在我国水质标准和排放标准方面的要求。现阶段建议在排污许可证的达标判定指标中增加固定污染源排水潜在毒性判定方式，建立高效、快捷的工业废水综合毒性鉴定技术体系，通过排污许可证与流域和控制单元环境管理目标的响应，促进企业采取措施、制订削减计划，以降低废水中有毒物质对生物及生态系统的影响。

3. 构建基于水质的排污许可协同监管与绩效评价机制

建议构建基于水质目标的多部门协同排污许可监管体系，对地表水水质不达标的地区加大排污许可证的监管执法力度，坚决杜绝因固定污染源"违法排污""违证排污"等非法行为造成的水质影响。建议逐步实施入河排污口与排污许可证的协同管控，鼓励现有排污单位的废水逐步纳入污水集中处理设施，引导精简整合排污单位的雨水排放口以及入河排污口数量。

对未实现上一年度水质目标的行政单元，由相关责任行政区联合制订水质达标方案，适时开展排污许可证的绩效评价，提出容量总量控制目标，以此作为调整排污许可限值总量的依据。

4. 推动出台相关技术文件，开展基于水质的排污许可示范

建议充分利用"水专项"多年的科研成果，结合排污许可制度在实施过程中遇到的具体问题，针对排污许可制度与水质目标管理衔接涉及的技术方法，推动出台相关技术指南，如基于水质的排污许可限值核定技术、排污口混合区划分技术、地表水生态流量核定技术和污染源治理最佳可行技术等。

选取具有典型代表意义的行政区域和流域开展基于水质的排污许可管理示范。示范区域应尽可能覆盖不同的经济发展程度、水资源条件和污染源排放状况。通过开展基于水质的排污许可示范，发现实施过程中存在的问题，总结经验，并在条件成熟时向全国推广。

参考文献

[1] 潘家华. 排污许可额的市场配置原理与应用[J]. 科技导报，1994，12（12）：46-49.

[2] 周荣，徐建龙. 排污许可制度简论[J]. 环境导报，1997（2）：15-16.

[3] 管瑜珍. 美国可交易的排污许可制度——兼论在我国建立该制度面临的几个问题[J]. 黑龙江省政法管理干部学院学报，2005（4）：101-104.

[4] 李启家，蔡文灿. 论我国排污许可制度的整合与拓展[J]. 环境资源法论丛，2006，6（1）：180-197.

[5] 罗吉，黄文娟，朱芳，等. 完善排污许可制度，加强污染物排放控制[C]. 中国法学会环境资源法学研究会年会，2006.

[6] 李挚萍. 中国排污许可制度立法研究——兼谈环境保护基本制度之间的协调[C]. 全国环境资源法学研讨会，2007.

[7] 于庆江，高艾. 现行排污许可制度的分析及几点完善措施[J]. 环境科学与管理，2014，39（12）：29-33.

[8] 孙佑海. 如何完善落实排污许可制度？[J]. 环境保护，2014，42（14）：17-21.

[9] 李艳萍，乔琦，扈学文，等. 我国排污许可制度：现状及建议[J]. 环境保护，2015，43（19）：51-53.

[10] 薛鹏丽，孙晓峰，宋云. 中瑞排污许可制度的对比研究[J]. 环境污染与防治，2015，37（3）：62-65.

[11] 宋国君，赵英煚. 我国固定源实施排污许可证管理可行性研究[J]. 环境影响评价，2016，38（2）：9-13.

[12] 王金南，吴悦颖，雷宇，等. 中国排污许可制度改革框架研究[J]. 环境保护，2016，44（z1）：10-16.

[13] 吴卫星. 论我国排污许可的设定：现状、问题与建议[J]. 环境保护，2016，44（23）：

26-30.

[14] 张世超. 排污许可制度构建中的"合"与"分"[A]//中国环境资源法学研究会，武汉大学.新形势下环境法的发展与完善——2016 年全国环境资源法学研讨会（年会）论文集. 2016.

[15] 冉丽君，牛皓. 石化行业排污许可管理探讨[J]. 环境保护，2017，45（20）：57-59.

[16] 冉丽君，马强. 造纸行业排污许可管理技术要点解析[J]. 环境影响评价，2017，39（3）：20-23.

[17] 冉丽君. 排污许可改革破局：浅析造纸行业排污许可证申请与核发技术规范[J]. 造纸信息，2017（5）：19-23.

[18] 赵春丽，邹世英，王家强，等. 规范排污许可证申请与核发　强化钢铁行业污染防治——《排污许可证申请与核发技术规范　钢铁工业》解读[J]. 环境影响评价，2018，40（1）：26-29.

[19] 王娜，郭欣研，朱伟娟，等.《排污许可证申请与核发技术规范　农药制造工业》解读[J]. 中国农药，2017（12）：17-26.

[20] 吕晓君，武春艳，张松安，等. 排污许可制改革对电镀行业的挑战与机遇探讨[J]. 电镀与涂饰，2017，36（23）：1288-1293.

[21] 卢静，刘双柳，张筝. 加强有毒有害化学物质排污许可管理研究[J]. 环境保护科学，2017，43（6）：31-35，99.

[22] 刘捷，陶以军，张健，等. 关于实施海上排污许可制度关键问题的思考[J]. 中国渔业经济，2017，35（5）：87-93.

[23] 姚钰. 环境影响评价与排污许可制度衔接研究[J]. 资源节约与环保，2018（1）：64，67.

[24] 曹亚首. 新型排污许可制度与环境影响评价的衔接研究[J]. 工程建设与设计，2017（8）：129-130.

[25] 柴西龙，邹世英，李元实，等. 环境影响评价与排污许可制度衔接研究[J]. 环境影响评价，2016，38（6）：25-27，35.

[26] 钟巧. 论环境影响评价制度与排污许可制度的衔接[A]//中国环境资源法学研究会，武汉大学. 新形势下环境法的发展与完善——2016 年全国环境资源法学研讨会（年会）论文集. 2016.

[27] 李元实，杜蕴慧，柴西龙，等. 污染源全面管理的思考——以促进环境影响评价与排污许可制度衔接为核心[J]. 环境保护，2015，43（12）：49-52.

[28] 吴婷婷. 排污权与排污许可制衔接探析[J]. 环境影响评价，2017，39（5）：32-35.

[29] 曹亚首. 排污许可和环境影响评价制度整合中的问题及解决措施[J]. 工程建设与设计，2017（16）：87-88.

[30] 徐振，莫华，周英，等. 衔接环评和排污许可的火电行业大气污染物源强核算探讨[J]. 环境保护，2017，45（Z1）：87-89.

[31] 冉丽君. 实现排污许可与环境影响评价有效衔接的建议[A]//中国环境科学学会. 2016 中国环境科学学会学术年会论文集（第二卷）. 2016.

[32] 易玉敏，陈晨. 我国环境影响评价制度与排污许可制度整合和拓展过程中的问题解析及解决途径[J]. 环境科学导刊，2016，35（4）：24-26.

[33] 秦怡然. 论我国排污许可制度与环境行政许可听证制度的衔接[A]//中国环境资源法学研究会，武汉大学. 新形势下环境法的发展与完善——2016 年全国环境资源法学研讨会（年会）论文集. 2016.

[34] 环评与排污许可制度的有机衔接[J]. 环境影响评价，2016，38（2）：11.

[35] Tao W，Bo Z，Barron W F，et al. Tradable Discharge Permit System for Water Pollution：Case of the Upper Nanpan River of China[J]. Environmental & Resource Economics，2000，15（1）：27-38.

[36] Cao H，Ikeda S. Inter-zonal Tradable Discharge Permit System to Control Water Pollution in Tianjin，China[J]. Environmental Science & Technology，2005，39（13）：4692.

[37] US EPA. Development Document for Effluent Limitations Guidelines，Pretreatment Standards，and New Source Performance Standards for the Pesticide Chemicals Manufacturing Point Source Category [S].[EPA-821-R-93-016]，1993.

[38] Mccarthy G. New Source Performance Standards（NSPS） Review[J]. Federal Register，2011，8（5）：27-40.

[39] US EPA. Pesticide Active Ingredient Production Industry：National Emission Standards for Hazardous Air Pollutants（NESHAP）[EB/OL].[2018-02-09].https：//www.gpo.gov/fdsys/pkg/FR-2002-09-20/pdf/02-23260.pdf.

[40]　US EPA. Introduction to the National Pretreatment Program [EB/OL]. [2020-03-04]. http://www.epa.gov/npdes/pretreatment.

[41]　王淑梅，喻干，荣丽丽. 美国排污许可证管理的经验[J]. 油气田环境保护，2017，27（1）：1-5.

[42]　宋国君，张震. 美国工业点源水污染物排放标准体系及启示[J]. 环境污染与防治，2014，36（1）：97-101.

[43]　US EPA. National Pretreatment Standards：Prohibited Discharges，40 CFR 403.5.

[44]　US EPA. PSD and TITLE V Permitting Guidance for Greenhouse Gases[S].Office of Air and Radiation，2011.

[45]　US EPA. NPDES Permit Writers' Manual [S]. Washington D.C.：U.S.EPA，2010.

[46]　US EPA. Interim Guidance for Performance-based Reduction of NPDES Permit Monitoring Frequencies [EB/OL].[2018-02-09]. http://www.epa.gov/npdes/pubs/perf-red.pdf.

[47]　宋国君，赵英煦. 美国空气固定源排污许可证中关于监测的规定及启示[J]. 中国环境监测，2015，31（6）：15-21.

[48]　US EPA. Standards of Performance for New Stationary Sources，40 CFR 60.

[49]　US EPA. National Emission Standards for Hazardous Air Pollutants for Source Categories，40 CFR 63.

[50]　姜佳旭，房珏，郝功涛. 火力发电企业排污自行监测质量提升探讨[J]. 环境监控与预警，2018，10（4）：56-58.